国家出版基金项目
NATIONAL PUBLICATION FOUNDATION

新一代航天运输系统丛书

"十四五"时期国家重点出版物出版专项规划项目

航天产品单元制造模式及应用

王国庆　等　著

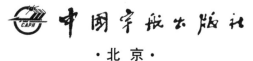

中国宇航出版社

·北京·

图书在版编目（CIP）数据

航天产品单元制造模式及应用 / 王国庆等著.
北京 ： 中国宇航出版社，2024. 6. -- ISBN 978-7-5159-
2395-6

Ⅰ. V261
中国国家版本馆 CIP 数据核字第 202491197E 号

责任编辑　彭晨光　陈　伟　　封面设计　王晓武

出版发行	**中国宇航出版社**		
社　址	北京市阜成路 8 号　邮　编　100830	版　次	2024 年 6 月第 1 版
	(010)68768548		2024 年 6 月第 1 次印刷
网　址	www.caphbook.com	规　格	787×1092
经　销	新华书店	开　本	1/16
发行部	(010)68767386　　(010)68371900	印　张	13
	(010)68767382　　(010)88100613（传真）	字　数	205 千字
零售店	读者服务部　　(010)68371105	书　号	ISBN 978 - 7 - 5159 - 2395 - 6
承　印	北京中科印刷有限公司	定　价	80.00 元

本书如有印装质量问题，可与发行部联系调换

序

制造业是国民经济的主体，是立国之本、兴国之器、强国之基。纵观世界经济发展史：制造业兴，则经济兴、国家强；制造业衰，则经济衰、国家弱。习近平总书记多次强调要大力发展制造业和实体经济，强调制造业是国家经济命脉所系，特别是进入以中国式现代化全面推进强国建设的新时代新征程，提出要坚持走中国新型工业化道路，加快建设制造强国。

航天制造作为航天科技工业体系的坚强基石和核心能力，是航天科技多年来形成的实力和水平的重要体现，也是航天科技可持续发展的基础。半个多世纪以来，我国航天制造业形成了独立自主、配套完整的航天制造体系，具备了弹、箭、星、船、器等综合生产能力，为航天事业从无到有、从小到大、从弱到强的跨越发展提供了强有力的支撑。一直以来，航天制造企业都始终在自力更生、艰苦奋斗中前行。新中国成立初期，我国工业基础十分薄弱，在单一型号仿制、多型号研制阶段，航天制造企业不断攻克关键工艺技术，自主研发多种航天制造装备，支撑了型号研制任务的圆满成功。

中国航天科技集团有限公司成立以来，科研生产任务异常繁重，由最初的"多型号研制并举"，到随后的"研制与生产并重"，再到"高密度研制、高密度批产、高密度发射"，仅仅几年时间，型号产品由研制过渡到批生产，多品种、变批量型号产品规模化按时保质交付成为航天企业亟待解决的重大难题。航天制造企业改变以增加固定资产投资提高能力的思路，通过先进技术应用、工艺方法改进、生产流程优化与创新管理模式等软能力提升对现有存量资源进行挖潜，以较少的增量投入带动存量优化，实践形成适合航天多品种、变批量生产特点的单元制造模式。这种模式改变了外延式发展的老路，坚持内涵式发展，是先进制造理念在航天的落地应用，是航天人创新实践的结果和智慧的结晶。单元制造模式显著提升了产品生产能力，多年以来在航天制造领域得到了全面推广和广泛应用，为航天科研生产任务的完成提供了坚强保障。

航天强国建设离不开航天制造的有力支撑，先进制造模式是提升航天制造核心竞争力的关键要素。新时代，新征程，新要求，航天制造企业要持续发扬开拓进取、勇于创新的精神，抢抓变革机遇，加快发展新质生产力，构建航天新型能力体系，为航天强国建设做出新的更大贡献。

至今，有关航天制造模式的专著，国内几乎没有，国外也不多见，本书的出版表明，在我国航天事业从无到有、从小到大、从弱到强的伟大征程中，航天制造模式的探索与实践也获得了长足的进步，取得了丰硕成果。书中重点论述了单元制造模式的提出背景及探索实践过程，系统阐述了单元制造模式的组成与特征，对制造单元的设计与构建、运行与评价进行了论述，并用多个专业领域的实践案例说明构建流程及应用成效，是一本集理论方法和实践经验于一体的技术专著。本书的研究成果具有重要的工程应用价值，可为航天工程技术与管理人员提供有意义的指导和帮助，为相关专业的高校师生提供借鉴和参考。

王礼恒

2024 年 5 月

前　言

从动笔到完成初稿，这本书用了一年多的时间，但开始酝酿这本书则是八年前的事了。单元制造思想从萌芽到开花结果，经过了近 20 年的实践验证，在实践中也孕育了越来越丰富的内涵。

中国航天事业在产品仿制、试制中起步，航天制造企业基本形成了专业齐全、配套完整、独立自主的研制能力，生产现场多采用工艺专业化布局，这种模式支撑了我国航天科研任务的圆满完成，推动了航天事业的快速发展。2000年左右，航天科研生产从"多研制、少生产、单件作业"向"多型号并举、研制和生产并重、研制和批量生产并存"转变，航天制造企业采用加班加点、增加人员设备和扩大产品外协的传统方式已经难以满足多品种、变批量的科研生产需求，如何批量生产成为航天制造企业亟待解决的难点问题。

面对当时的批量生产急需，笔者带领团队深入研究国内外先进实践经验，将生产模式作为变革的首选，提出航天单元制造模式作为破解批量生产难题的切入点。2004 年，团队针对传动组件批量制造瓶颈，开展了单元制造模式探索，通过对产品工艺优化、流程优化，将设备按照工艺流程重新布局，缩短了物流路径，同时调整生产组织、人员管理、工艺管理、物流管理、现场产品质量检验方式等，将整批量流转减少为 5 件一流转，生产效率提升了 4 倍，人员和设备均减少了 50％左右，解决了一直想解决但未解决的制造瓶颈难题，真正实现了向变革要效率。在此基础上，团队又推动单元制造模式在尾翼制造、伺服舱铸造、发动机装配中的应用，也取得了显著成效，为后续推广应用奠定了技术基础和实践经验。

2008 年，中国航天科技集团公司（以下简称"集团公司"）面向火箭、卫星等典型产品大力推广单元制造模式，以提升关键核心产品制造能力，满足规模化发展需求。2012年10月，集团公司召开单元制造模式现场交流会，宣贯了《航天产品单元制造模式实施指南》，多家单位分享了实践经验与成效，此次会议推动了单元制造模式在集团公司内的全面应用。随着航天科研生产向"大量研制、批量交付、高密度发射"转变，航天制造企业以单元制造模式为核心，基于产品制造流程构建了生产线，制造能力显著提升。多年实践证明，单元制造模式是适应航天多品种、变批量生产的先进制造模式，能够在混线生产下兼顾柔性和效率，更好地满足航天产品快速研制和稳定批产的需求。这种制造模式的重大变革有力地支撑了航天规模化发展。

近年来，航天制造企业加大了单元考核与激励力度，充分释放出单元制造模式的潜能。同时，推进新一代信息技术与单元制造模式的融合，形成数字化/智能化制造单元，再以点连线、由线及面，衍变为数字化/智能化生产线、车间、工厂，为我国航天重大工程的顺利实施提供了坚强保障。当前，航天强国建设加速推进，要不断增强航天产品高质量供给能力、高可靠保障能力、创新发展能力，航天制造面临着更为严峻的挑战。应紧抓新一轮科技革命和产业变革机遇，以提质增效为核心，以横向价值链集成为主线，探索实践航天总装拉动式智能制造模式，构建以数字化、网络化、智能化为特征的开放、协同的航天制造产业链，推动航天制造转型升级，融入我国新型工业化和现代化产业体系，不断满足新时代航天事业发展的需要。

笔者在航天制造领域深耕数十年，充分认识到航天制造模式应随着形势任务变化及时做出相应调整，始于需求，终于需求，要综合考虑已有基础、技术能力、管理水平和经济可承受性。深刻体会到要抓住突出难题和瓶颈，有针对性地下大力气解决；要打破固有思维定势，跳出惯有思维局限，用创造性思维解决问题；要结合实际勇于实践，在实践中迭代完善，形成独特的理论方法和解决方案，可以说，航天制造是在航天事业发展不同阶段的矛盾解决中成长壮大的。基于此，笔者从工程应用角度提出对单元制造模式的认识和理解，以期为业界同行提供借鉴和启发。欢迎大家交流探讨，共同推进航天先进制造模式应用得更深入更广泛，支撑航天事业发展得越来越好！

　　本书由王国庆负责整体策划、全书统稿，胡新平、刘欣、侯俊杰、刘琦、潘尔顺负责总体指导。第1章由袁维佳、张伟、李慧丽撰写，第2章由王国庆、刘明全、潘宇新撰写，第3章由胡新平、赵春章、袁维佳撰写，第4章由梁丹、吴晓晓、孙璞撰写，第5章由刘明全、孙莹、刘胤撰写，第6章由王国庆、侯俊杰、张辉撰写。感谢上海交通大学、中国航天科技集团有限公司质量技术部、中国运载火箭技术研究院、中国空间技术研究院、上海航天技术研究院、首都航天机械有限公司相关人员对本书撰写的支持，感谢中国宇航出版社在本书撰写和出版过程中给予的大力支持。

　　在撰写本书过程中，力求做到概念精准、阐述明确、逻辑清晰，使之具有较强的实用性。由于时间仓促，水平有限，书中难免有不足之处，敬请专家和读者批评指正。

作　者

目　录

第1章 绪 论

制造模式是指企业体制、经营、治理、生产组织和技术系统的形态和运作模式。制造模式的发展总是与生产发展水平、市场需求及组织目标的演变相联系的。航天制造业作为中国高科技支柱产业之一，在半个多世纪的发展历程中，走过了从无到有、从仿制到独立研制的发展历程。航天制造模式与航天形势任务、技术发展程度密切相关，也经历了不同的发展阶段。新时期，建立与新的形势任务相适应的制造模式是航天科技工业关注的重要问题。单元制造模式是航天制造企业在分析典型先进制造模式基础上，结合航天科研生产特点，经过不断的探索研究和实践，提出并形成的适合航天多品种、变批量生产的先进制造模式。

1.1 航天产品与特点

1.1.1 航天产品介绍

航天产品包括导弹武器、运载火箭、人造地球卫星、飞船、空间站、深空探测器等。

（1）导弹武器

导弹是一种携带战斗部、依靠自身动力装置推进、由制导系统导引控制飞行航迹、导向目标并摧毁目标的飞行器。通常由战斗部、控制系统、发动机装置和弹体等组成。

（2）运载火箭

运载火箭是将各种空间飞行器从地球运送到预定空间轨道的运输工具。一般由箭体结构、动力系统、控制系统、飞行测量系统和附加系统等组成。

（3）人造地球卫星

人造地球卫星是指环绕地球运行的无人航天器，简称人造卫星或卫星。它依靠运载火箭或其他新型运载工具的推力，到达大气层外层空间，并获得第一宇宙速度，在地球引力的作用下，依靠惯性沿轨道绕地球运行。

（4）飞船

飞船，即宇宙飞船，是一种运送航天员、货物到达太空并安全返回的航天器。宇宙飞船可分为一次性使用与可重复使用两种类型，依靠运载火箭进入地球卫星轨道，完成任务后再入大气层。飞船上除有一般人造卫星基本系统设备外，还有生命维持系统、重返地球的再入系统、回收着陆系统等。

（5）空间站

空间站又称太空站、航天站，是一种在近地轨道长时间运行、可供多名航天员巡访、长期工作和生活的载人航天器。空间站分为单模块空间站和多模块空间站两种。单模块空间站可由航天运载器一次发射入轨，多模块空间站则由航天运载器分批将各模块送入轨道，在太空中将各模块组装而成。空间站体积较大、结构复杂、功能较多，具备人能够生活的基本设施，能满足航天员开展不同领域的太空科研项目研究的要求；不具备返回地球的能力，但可以使用载人飞船或货运飞船与地面进行人员或货物的传输。

（6）深空探测器

深空探测器是指对月球及月球以外的天体和空间进行探测的航天器，由运载火箭送入太空，飞近月球或行星进行近距离观测，或着陆进行实地考察，或采集样品进行研究分析。

任何一种航天产品，可按组成的复杂程度分为系统、分系统、单机、零部组件 4 个层次。

（1）系统

系统一般是指为执行规定功能以达到规定的目标而由一组有关要素组成的集合。在航天领域，系统一词通常指整星、整箭、整船或整器，有时由若干下级要素（分系统或单机）组成的产品也泛称系统。

（2）分系统

分系统主要是指为执行规定功能以达到规定的目标、但本身还不能满足用户需求、由一组相互有关的要素组成的集合或完成某一主要功能的单机组合。

（3）单机

单机主要是指设计并生产成能完成规定的功能、同时在被分解和再组装后能保持其功能的设备，或具有独立功能、完整结构和明确机、电、热等接口的构成分系统的产品。

（4）零部组件

零部组件包含组件、部件和零件。组件，由材料、零件、部件等，经装配连接组成的具有独立结构和（或）独立用途的产品；部件，由两个或两个以上的零件或由零件和材料以可拆卸或不可拆卸连接方式组成的产品；零件，由同一名称和牌号的材料，不采用装配工序制成的产品。

1.1.2　航天产品特点

航天产品主要运行在大气层外，其研制和应用需要适应硬件不可维护和外层严酷空间环境等特殊要求。航天产品的研制活动一般具有探索性、先进性、复杂性、高风险性的突出特点和高可靠、高质量及一次成功的特殊要求。

探索性是指在航天工程实践中，科学、技术和工程问题相耦合，给航天工程实施带来的众多不确定性。先进性是指航天工程系统和产品研制需要集最新科技成果之大成，即需要综合运用相关专业领域最前沿的研究成果，这使得航天工程成为技术先进性最为突出的复杂工程系统。复杂性是指跨学科集成，跨行业协作，系统庞大，参与人员众多，技术和管理复杂性高。产品从系统到分系统，从单机到零部组件，组成复杂，产品数量多。从研发设计、生产制造、试验测试至服务保障，是一个涉及多学科、多专业、多工种的系统工程。高风险性是指航天产品需要在近乎无维护支持的情况下，以自主运行模式完成任务。航天产品在经过反复综合集成和系统优化之后，其各组成元素之间存在高度的交互关联关系，某个局面的细微问题或异常，均可能导致工程系统整体的功能衰减甚至失效，进而造成严重后果。因而，航天产品需要满足高可靠、高质量的要求。一次成功是指航天工程的研制和试验只能在地面进行，很多关键技术在地面难以真实考核，因而一次成功是系统第一次在真实环境下运行就要取得成功。以上这些特点都对航天系统开发和产品研制工作提出了更为严峻的挑战。

1.2　航天制造模式发展历程

1.2.1　制造模式概念

制造模式是制造业为了提高产品质量、市场竞争力、生产规模和生产速度，以完成特定的生产任务而采取的一种有效的生产方式和生产组织形式。从制造业的发展进程来看，不同社会发展时期决定了不同的制造思想、生产组织方式和管理理念，它们相互作用、共同决定了特定时期的制造模式。纵观制造业发展历史，制造业经过了单件小批制造、大规模生产、大规模定制及多品种变批量的个性化定制的发展历程。

先进制造模式是指在生产制造过程中，依据不同的制造环境，通过有效地组织各种制造要素，尤其先进技术，在特定环境中达到良好制造效果的先进生产方法。它以获取生产有效性为首要目标，以制造资源快速有效集成为基本原则，以"人-组织-技术"相互结合为实施途径，使制造系统获得精益、敏捷、优质与高效的特征，以适应市场变化对时间、质量、成本、服务和环境的新要求。先进制造模式应具备三个要素：一是新理念新方法的运用，二是信息技术的应用，三是先进制造技术的应用。

先进制造模式是从传统的制造模式中发展、深化和逐步创新而来的。如工业化时代福特的大批量生产模式以提供廉价的产品为主要目的；信息化时代的柔性生产模式、精益生产模式、敏捷制造模式等以快速满足顾客的多样化需求为主要目的；未来发展趋势是知识化时代的绿色制造生产模式，它以产品的整个生命周期中减少能源消耗、利于环境保护为主要目的。

1.2.2 典型先进制造模式

近年来，典型的先进制造模式主要有：敏捷制造、柔性制造、计算机集成制造、精益生产、并行工程、虚拟制造等。

（1）敏捷制造

敏捷制造是指制造企业采用现代通信手段，通过快速配置各种资源（包括技术、管理和人），以有效和协调的方式响应用户需求、实现制造的敏捷性。敏捷制造实际上主要包括三个要素：生产技术、管理和人力资源，其原理是采用标准化和专业化的计算机网络和信息集成基础结构，以分布式结构连接各企业，构成虚拟制造环境。以竞争合作为原则，在虚拟制造环境中动态选择、择优录取成员，组成面向任务的虚拟企业，进行快速生产。

（2）柔性制造

柔性制造系统是由计算机控制的、以数控机床设备为基础、由物料储运系统连成的、能形成没有固定加工顺序和节拍的自动加工制造系统。柔性制造系统能根据制造任务或生产的变化快速进行调整，适用于多品种以及中小批量生产。单纯将柔性制造系统硬件设备合理地组成一个系统，并不能取得良好的效果，还必须以有效的系统运行管理为保证。运行管理通过柔性制造系统中的软件系统实现，软件的核心为生产计划与调度理论和技术。因此，柔性制造系统的生产计划调度和控制理论在其运行管理中起着核心作用。概括来说，柔性制造系统由三部分组成：多工位数控加工系统、自动化物流系统和计算机控制系统。

（3）计算机集成制造

计算机集成制造是随着计算机辅助设计与制造的发展而产生的。它借助于计算机的硬件、软件技术，综合运用现代管理技术、制造技术、信息技术、自动化技术、系统工程技术，对企业的生产作业、管理、计划、调度、经营、销售等整个生产过程中的信息进行统一处理，并对分散在产品设计制造过程中的各种孤立的自动化子系统的功能进行有机的集成，优化运行，从而缩短产品开发周期，提高质量，降低成本，进而提高企业的柔性、健壮性和敏捷性。从集成的角度看，早期的计算机集成制造系统侧重于信息集成，而现代集成制造系统的集成概念在广度和深度上都有了极大的扩展，除了信息集成外还实现了企业产品全生命周期中的各种业务过程的整体优化，即过程集成，并发展到优势互补的企业之间的集成阶段。

（4）精益生产

精益生产是美国麻省理工学院研究小组总结了以日本丰田汽车公司为代表的生产管理模式和制造方法后提出的。精，即少而精，不投入多余的生产要素，只在适当的时间生产必要数量的市场急需产品（或下道工序急需的产品）；益，即所有经营活动都要有益有效，具有经济性。精益生产既是一种以最大限度地减少企业生产所占用的资源以及降低企业管理和运营成本为主要目标的生产方式，同时又是一种理念，一种文化。其特点是：1）消除一切浪费，追求精益求精。精简产品开发设计、生产、管理中的一切不产生附加值的工作，旨在以最优品质、最低成本和最高效率对市场需求做出最迅速的响应。2）强调人的作用，发挥人的潜能。精益生产方式把工作任务和责任最大限度地转移到直接为产品增值的工人身上。3）零浪费目标。生产中的无效劳动和提前进入库存的过剩劳动都是浪费。精益生产方式要求撤掉不直接为产品增值的环节和工作岗位。4）追求完美，永不满足。精益生产方式把"无止境地追求完美"作为经营目标，追求产品质量、成本和服务方面的不断完善。

（5）并行工程

并行工程是一种对产品设计以及相关过程（包括制造过程和支持过程）进行并行、一体化设计的系统化工作模式。要求产品开发人员从一开始就考虑到产品全生命周期（从概念形成到产品报废）内各阶段的功能、制造、装配、作业调度、质量、成本、维护与用户需求等因素，并强调各部门的协同工作，通过建立各决策者之间有效的信息交流与通信机制，综合考虑各相关因素的影响，使后续环节中可能出现的问题在设计的早期阶段就被发现，并得到解决，从而使产品在设计阶段便具有良好的可制造性、可装配性、可维护性及回收再生等方面的特性，最大限度地减少设计反复，缩短设计、生产准备和制造时间。

（6）虚拟制造

虚拟制造，即采用计算机仿真与虚拟现实技术，在计算机上实现产品设计、工艺规划、加工制造、性能分析、质量检验，以及管理与控制等制造的本质过程，以增强制造过程各级的决策与控制能力。虚拟制造通过计算机虚拟模型来模拟和预估产品功能、性能及可加工性等各方面可能存在的问题，提高人们的预测和决策水平，使得制造技术走出主要依赖于经验的狭小天地，发展到全方位预报的新阶段。虚拟制造技术的研究内容是极为广泛的，除了虚拟现实技术涉及的共同性技术外，虚拟制造领域本身的主要研究内容有：1) 虚拟制造的理论体系；2) 设计信息和生产过程的三维可视化；3) 虚拟环境下系统全局最优决策理论和技术；4) 虚拟制造系统的开放式体系结构；5) 虚拟产品的装配仿真；6) 虚拟环境中及虚拟制造过程中的人机协同作业等。

1.2.3　航天制造模式发展

中国航天事业走过了从无到有、从仿制到独立研制的发展历程，航天制造模式与航天技术能力、管理水平密切相关，与形势任务相适应，经历了不同的阶段。

中国航天事业在产品仿制中起步，在此阶段遇到什么难题就组织攻克该难题，实现了众多单点制造技术的突破。在从仿制转入自行研制的过程中，航天制造得到快速发展，体系不断完善，满足了以研制为主的任务需求。随着航天产品从单一型号到多型号并行研制生产的发展，逐步建立了涵盖机加、成形、焊接、装配、电装等十余个专业领域的制造技术体系，形成了专业齐全、配套完整、独立自主的制造能力。航天制造企业的能力配置、机构设置基本覆盖所承研产品的全过程，生产现场多采用工艺专业化布局，加工、装配和检验过程基本依赖人工完成，这种模式支撑了我国航天科研任务的圆满成功。

20 世纪 80 年代，航天制造企业开始引进数控设备，解决了关键和高难度零件加工问题，此后的十多年，航天数控设备数量快速增长，航天制造企业配置计算机辅助制造（CAM）软件、工作站等硬件条件，针对 CAM 技术开展研究，数控设备效能得到充分发挥，大幅提升了制造能力，同时在发动机整体叶轮加工、大型薄壁复杂构件加工、惯导系统精密加工等方面发挥了巨大的作用。随着计算机技术的快速发展，航天多个研究院以典型产品结构件为应用对象，开展 CAD/CAM 一体化研究和并行工程研究，通过设计与工艺的紧密协同，实现设计模型到工艺模型的快速转换。90 年代，计算机集成制造系统（CIMS）得到迅猛发展，航天制造企业的厂所参照 CIMS 结构开展了典型产品试点研究和应用。航天制造企业从最初的数控加工机床、CAM 技术应用，发展到 CAD/CAM 一体化、CIMS 的应用。

1.3　新时期航天制造模式的选择

1.3.1　形势任务特点

2000 年左右，航天形势任务从"多研制、少生产、单件作业"向"多型号并举、研制和生产并重、研制和批量生产并存"转变。这种形势要求航天制造企业既要具备多型号的研制能力，又要完成多型号的批量生产任务。而航天制造企业一直以承担型号研制任务为主，不善于批量生产，只能通过加班加点、增加人员设备和扩大产品外协这三种方式来应对，对任务的响应处于疲惫应对状态，并不能真正解决批量生产问题。如何批量生产成为航天制造企业亟待解决的难点问题。面对新形势、新机遇和新任务，中国航天将"提升完成型号任务的总体能力"作为当时一段时期的重要工作，并在相关文件中提出，"鼓励各单位根据自身优势和特点，在上级确定的发展战略和原则下，积极创新适应发展需要的体制机制，探索有利于提升总体能力的资源配置模式，通过多种形式减少利益主体间的壁垒，提升核心竞争实力。"

1.3.2　单元制造模式的提出

（1）研制和批量生产的主要区别

面对当时的批量生产需求，笔者带领团队深入研究批量生产在工艺布局、设备选型与布置、管理模式等方面与研制生产的区别。工艺布局方面，批量生产一般按产品原则布局，如汽车生产线、飞机生产线等，设备按产品的生产流程布置，尽量缩短物流路径，以实现最高的生产效率；研制生产一般按专业进行车间划分，如机械加工车间、钣金加工车间、导管加工车间、产品装配车间等，车间内部班组大多按照工艺专业类型划分，如车加工工段、铣加工工段、钳工工段、有色铸造工段、黑色铸造工段、冲压工段、氩弧焊组、点焊组等，这种方式有利于提升专业水平，适宜集智攻关。设备选型方面，批量生产设备更注重加工效率，设备功能满足加工需要即可；研制设备功能多、加工范围大，以适应不同的加工情况，具备更强的加工能力。生产管理方面，批量生产计划相对稳定，需要更细颗粒度的制造能力划分，要具备更成熟的工艺方法，要具备更科学、更合理的生产过程管理手段；研制生产过程的计划变动频繁，生产计划难以编排得科学、合理，组织管理粗放。

（2）典型制造模式分析

团队对刚性生产线、柔性制造系统、集成制造系统等典型制造模式的适用情况进行了分析。刚性生产线适用于单品种、大批量的流水生产方式，对于航天多品种、小批量并不适用，而且建立流水线需要大量的投资和较长的周期，面临后续批量生产任务不能持续的风险。柔性制造系统比较适应于任务量相对稳定、零件类型相对固定的企业，航天制造企业只能解决少量关键零部件的制造生产，不能有效解决批量生产问题。集成制造系统运行需要严格遵守从产品设计到最终交付用户的整体计划，虽然允许个别环节的变化，但是变化限制在一定范围之内，对于航天制造企业研制与批量混合生产、计划随意性大的情况有较大的不适应，同时，集成制造系统投资巨大也是实施的障碍。因此，迫切需要研究更适用于航天多品种、变批量生产特点的制造模式。

（3）单元制造模式的探索

基于以上分析结果，团队对国内外先进企业的生产管理模式进行了深入研究，对精益生产方式中"一个流"理念有了深刻认识。精益生产方式的核心思想之一，就是要尽量使工序间在制品数量接近于零，也就是说，前工序的加工一结束，应该立即转到下一工序去，此种生产同步化是实现精益生产的一个基本原则。航天制造企业通常采用机群式布置，即把同一类型的机床设备布置在一起，在产品物流方面一般采用成批流转方式，最常见的情况是把几十个甚至几百个零件放在周转箱里和工艺规程、质量控制卡一起搬运到下一工序。这种情况下，产品在每个作业区（工序）之间搬来搬去，形成搬运的浪费。各个工位加工出来的产品堆积在设备旁，产生大量在制品。在前工序的整个批量加工尚未结束之前，后工序无法得到所需要的零部件，造成等待，导致生产周期拉长。对于航天产品多品种、变批量的情况，建立流水式生产模式是不适合的。但"一个流"的理念给了团队很大启发，促使团队将生产模式作为变革的首选，提出把航天单元制造模式作为破解批量生产难题的切入点。通过产品归类成组，将相似的产品组成产品族，扩大了同类产品的批量。由于产品制造工艺具有相似性，加工设备、工位安排可以与主要产品的制造流程保持一致，从而实现各工序、工位的紧密衔接，实现物料的单向流转，缩短产品的工序传递距离；同时，减少产品流转的批量，采用单件小批流转方式缩短工序等待时间，减少在制品等待。制造单元在工位、设备功能设置上兼顾了多种产品，具有一定的柔性，更适用于有一定批量、某一类或几类相似产品的生产。

（4）单元制造模式的实践

2004 年，团队针对典型产品批量生产难题开展了单元制造模式的探索实践。某型号火箭空气舵上传动组件用量大、工艺复杂、材料加工难、制造周期长，多年来一直是瓶颈产品。按照原来的生产模式，传动组件的加工设备分别属于 4 个不同的工段，每个工段分别负责不同的工序，管理链条较长，大量时间浪费在产品的交接传递上。而且，不同批次的传动组件可能由不同设备加工完成，产品的一致性不易控制。为了解决上述问题，团队从顶层设计入手，建立了传动组件制造单元，对生产所需的场地、人员、设备按生产流程重新进行了调配和布置，将整批量流转减少为 5 件一流转，生产效率提高了 4 倍，人员和设备均减少了 50% 左右，解决了一直想解决但未解决的制造瓶颈问题。

团队将单元制造模式推广到其他制造瓶颈环节，建立了尾翼装配单元、伺服舱铸造单元、发动机装配单元，都取得了显著成效。尾翼主结构由尾翼骨架和两块蒙皮铆接组成，当时批量任务要求一个月完成 120 个尾翼装配，而原来车间正常情况下每个月只能完成 36 个，两班倒能完成 60 个左右，远远不能满足批量生产需求。如果按照传统方式扩大设备规模和人员规模，装配型架的研制周期来不及，车间场地有限，同时缺少有经验的铆接工人。针对此种情况，团队对整个装配流程进行分析，改变装配全流程都在 1 个装配型架上的做法，将需要装配型架的制造流程分解到 5 个型架上，其中，2 个型架负责铆接一面蒙皮，1 个型架负责钻孔、铰孔和砸销以及安装部组件工作。对工人进行了专业化分工，分为现场配送人员、铆接人员、辅助人员等。同时派专人在现场完成产品的自检和互检，质量部门派检验员在现场设置固定检验，有问题的产品上第 6 个型架进行返修。通过以上方式，铆接效率提高到原来的 3 倍左右，满足了批量生产任务需求。伺服舱制造单元生产效率提升为原来的 2.5 倍；发动机装配单元生产周期缩短了 32.9%，都取得了显著成效。

2008 年，集团公司以火箭、卫星等典型产品为对象，大力推广单元制造模式。2012 年 10 月，集团公司召开单元制造模式现场交流会，宣贯了《航天产品单元制造模式实施指南》，多家单位分享了实践经验与成效，此次会议推动了单元制造模式在集团公司内的全面应用。在新一代运载火箭产业化基地建设中，围绕运载火箭的生产流程，对园区布局进行了统筹规划，建成了机加单元、钣金成形单元、管路制造单元、壳段铆接单元、贮箱焊接单元、总体装配单元、总装测试单元等，圆满支撑了新一代运载火箭的研制生产任务。

随着航天科研生产向"大量研制、批量交付、高密度发射"转变，航天制造企业针对关键工序或者关键产品进行布局调整，以单元制造模式为核心，基于产品制造流程构建了生产线，制造能力显著提升，支撑科研生产任务的完成。多年实践证明，单元制造模式是适应航天多品种、变批量生产的先进制造模式，能够在混线生产下兼顾柔性和效率，更好地满足航天产品快速研制和稳定批产的需求。这种制造模式的重大变革有力地支撑了航天规模化发展。

1.4 小结

本章主要对航天产品特点、航天制造模式发展历程、单元制造模式提出的背景和过程进行了研究。首先对航天产品与特点进行了分析，对制造模式概念与典型先进制造模式进行了阐述，其次，介绍了几种典型的先进制造模式内涵，阐述了不同时期航天制造模式的发展历程。最后，结合新时期航天形势任务特点，介绍了单元制造模式的探索和实践过程，提出经过多年实践，大批制造单元在航天科研生产中发挥了重要作用，单元制造是适应航天多品种、变批量生产特点的先进制造模式。

参 考 文 献

［1］ 袁家军．航天产品工程［M］．北京：中国宇航出版社，2011.

［2］ 孙燕华．先进制造技术［M］．北京：电子工业出版社，2009.

［3］ 肖智军，党新民．3A 顾问精益实践 2：JIT 与精益改善［M］．北京：中华工商联合出版社，2016.

［4］ 王国庆，胡新平．首都航天机械公司集成制造系统顶层设计（制造单元系列之一）［J］．航天制造技术，2005（5）：11 - 15.

［5］ 王国庆，胡新平，刘欣，等．机械加工单元的实用工艺布局方法与工艺优化（制造单元系列之三）［J］．航天制造技术，2006（2）：1 - 5.

［6］ 王国庆，陈金存，安立辉，等．航天工艺管理制度体系建设思考［J］．航天制造技术，2012（3）：1 - 2.

［7］ 周世平．我国航天制造业数字化征程［J］．金属加工（冷加工），2010（4）：14 - 16，24.

［8］ 袁家军．航天产品成熟度研究［J］．航天器工程，2011，20（1）：1 - 7.

第 2 章　航天单元制造模式

航天单元制造是基于产品相似性提出的适应航天多品种、变批量生产特点的制造模式。针对批量制造瓶颈产品开展工艺优化、流程优化，按照工艺流程调整工艺布局，构建出能快速响应任务变化的制造单元。通过调整生产组织、人员管理、工艺管理、物流管理及质量管理方式，构建适应航天生产特点的单元制造模式，有效解决批产能力提升难题。航天单元制造兼顾了理想制造系统的高效和柔性，更好地满足了航天产品快速研制和稳定批产的需求，在航天制造领域取得了很好的应用效果。

2.1　内涵特征

2.1.1　基本内涵

航天单元制造是针对航天多品种、变批量的制造特点，利用产品间的相似性进行零件族的分类及单元的划分，借助先进的制造技术和数字化技术、网络化技术、智能化技术，对工艺方法、工艺流程及工艺布局进行优化，建立单元信息系统与精益化运行管理模式，旨在提高生产能力，兼顾理想制造系统的柔性和效率，满足航天产品快速研制和稳定批产的需求。

航天单元制造的核心是单元化，即如何构建制造单元以及如何解决多品种、变批量的生产组织问题，以获得如同大批量生产的效果。其基本原则是根据零组件的结构形状特点、工艺过程和加工方法的相似性，打破多品种界限，对零组件进行归类分组，按照加工顺序将作业场地、人员、设备合理配置。基于精益生产尽量使工序间的制品数量接近于零的"一个流"理念，将传统的成批流转方式改为小批量流转方式，减少等待时间和搬运浪费。航天单元制造以先进的制造技术为基础，以数字化信息化手段为保障。工艺技术的持续改进与优化、数字化赋能制造现场是其高效率、高可靠、低成本运行的前提。需要结合数控设备、新型刀具、物流设备等硬件条件，对产品工艺技术进行优化，不断推进工艺技术的量化、固化、标准化，从而再优化，使之成为螺旋上升模式的良性循环，以提升制造单元的整体运行效率。借助数字化信息化手段，从决策经营层、中间计划调度层、设备监控层等建立多层次的信息化管理系统，从而使单元制造管理透明、高效。

航天制造单元以优化管理模式为关键。建设制造单元运行管理及组织管理模式，涵盖生产运作、文件与数据、质量保证、环境与安全、人员与组织、考核与激励等。

2.1.2　主要特征

航天单元制造在兼顾批量生产高效性和研制生产柔性方面具有优越性，能够适应多品种、变批量的要求。其主要特点包括：

1）具有较强的柔性。单元制造允许同时生产不同类型的产品，且产品容易切换。该模式可以适应不同产品的生产要求，通过对设备和工艺参数的调整，实现快速、高效的生产切换。可以处理不同尺寸、材料和形态的工件，并支持多种加工工艺。

2）具备快速响应能力。单元制造能适应由于市场需求变化和工程设计变更所出现的变动，进行多种产品的生产。它能够在不明显打乱正常生产计划的情况下，插入备件和急件制造任务。

3）具有高效性。按照工艺流程将设备、资源等进行布局，从而缩短物流路线，解决原有机群布局下零件物流路径长、制造周期长的问题，减少生产过程中的搬运和等待，大幅提高生产效率。

4）建设成本低。与流水线相比，单元制造对设备和空间需求少，设备布局具有建立容易、调整方便的特点，一般采用经济价值较低且易于搬运的设备，减少了初始投资。

2.1.3　适用范围

本书所指的航天单元制造是一种广义的单元制造，可以适用于机加、装配等专业领域。在实际建设中，可以根据需要对单元制造进行改进，如混合式的单元制造、虚拟单元制造等。所以，只要厘清产品类别，梳理工艺流程，按照产品相似性对产品进行分类成组，变单件、小批量生产为中批量、大批量生产，提高组批能力，都是广义的单元制造。

单元制造模式建立前，经常用系统设施规划领域的产品-数量（Product Quantity，P－Q）分析方法对产品进行分析，主要是对生产的产品按照数量进行分类，然后根据分类结果确定布局方式。在 P－Q 分析后，选择数量比较稳定的几类相似零件，然后确定哪些零件适合做制造单元改造。对于产品的分类，常常可以分为以下几种。

A 产品：品种少，批量大。这些是很少的几种产品，但批量非常大，需求量大到需要建立独立的生产线。

B 产品：品种较多，批量中等。这些产品通常根据相似性来分类，是一个产品系列，数量达到中小批的规模。

C 产品：品种多，批量小。生产批量非常小，接近单件小批的生产规模。

很多情况下，航天制造企业都会同时存在 A、B、C 三类产品。运载火箭、卫星等配套产品种类多，有的是单件，有的是中小批量，而某些轻型零件如铆钉、螺钉等产品的数量非常大。P－Q 曲线如图 2－1 所示，位于坐标左方的产品，品种少而批量大，一般来讲应按产品原则布置设备，即采用流水线形式，主要考虑工位的划分和生产线的平衡；位于坐标右方的产品，品种多而批量小，应按工艺原则布置设备，即采用机群式布局；位于坐标中部的产品，品种较多而批量中等，应按成组原则布置设备，主要考虑零件聚类和单元划分，也就是适合采用单元制造方式。

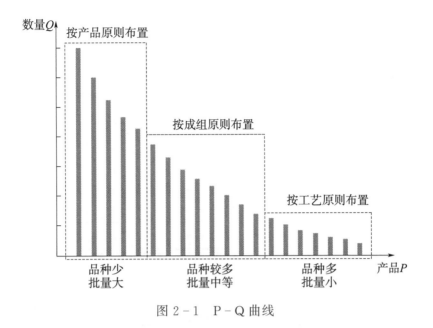

图 2-1　P-Q 曲线

2.2　体系架构与组成要素

2.2.1　体系架构

综合考虑制造基础、关键技术、核心内容和业务应用等方面，构建航天单元制造的体系架构，如图 2-2 所示。该架构共分为基础层、技术层、构建层、运营层、应用层和能力层六层，其中，构建层和运营层是航天单元制造的核心。

基础层主要支撑单元制造运行的基础保障条件，包括设备、网络、安全、人员等。

技术层主要包括支撑单元制造的工艺技术、单元构建技术、信息化技术及精益管理技术等；对传统的落后工艺技术和方法进行优化，并固化工艺流程。通过引入先进的数字化、网络化、智能化技术，借助精益管理方法和手段，提高单元运行管理水平，促进制造能力和制造水平的提升。

构建层是航天单元制造的核心层，为航天单元制造的实物基础，主要指航

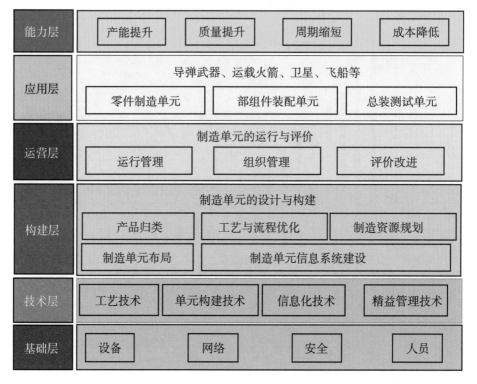

图 2-2　航天单元制造的体系架构

天制造单元的设计与构建，即在对航天典型产品分析的基础上，基于成组理念和先进制造技术，借助信息化手段进行的航天产品制造单元的设计、规划及建设的活动。具体涉及产品归类、工艺与流程优化、制造资源规划、制造单元布局和信息系统建设等活动，通过运用合适的方法工具和设备设施，构建高效率、低成本、能快速应对任务变化的单元，达到单元内人员、设备、物流、信息等顺畅流动的效果。

　　运营层是保障单元制造生产运作和生产能力的管理基础，主要是指航天制造单元的运行与评价，包括运行管理、组织管理以及评价改进等。运行管理是在制造单元规划设计后对制造单元涉及的物料、人员、设备等进行科学、合理的组织、优化，建立生产运作、质量控制、产品保证、物料管理等运行规则和管理制度，以期达到企业的生产运营目标；组织管理主要是指人员组织与团队管理、考核激励等，培养核心专业团队，构建团结协作的特色文化；评价改进是对单元构建效果和运行性能进行科学、及时的评价，以便提早发现问题，及时进行修正。

应用层是指通过构建高效率、能快速应对任务变化的制造单元（零件制造单元、部组件装配单元和总装测试单元等），为实现导弹武器、运载火箭、卫星、飞船等关键复杂产品制造提供应用服务。

能力层是指通过航天制造单元的实施构建，有效解决航天产品批量生产和柔性生产问题，实现产能提升、质量提升、周期缩短和成本降低的目标，从而提升航天制造能力和核心竞争力。

航天单元制造将现有设备进行科学组合，从单台设备到制造单元，再由制造单元构成生产线（图 2 - 3），形成适应航天研制特点的制造模式。通过多个制造单元、生产线的组合，形成制造工厂。

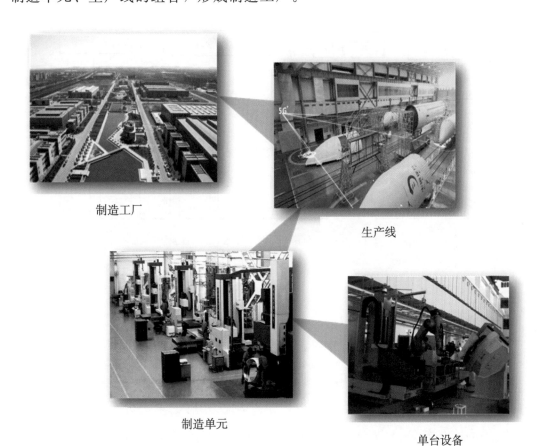

制造工厂

生产线

制造单元

单台设备

图 2 - 3　航天制造单元的层次图

2.2.2　组成要素

　　根据航天生产特点，结合航天产品制造企业的应用实践经验，将航天单元制造的基本组成要素归纳为产品与工艺、制造单元、运行管理与组织管理 4 大部分，共 11 个组成要素，如图 2-4 所示。其中，产品与工艺包括产品归类、工艺优化 2 个组成要素，制造单元包括设备与设施、布局与物流、信息化条件 3 个组成要素，运行管理包括生产运作、质量保证、文件与数据、环境与安全 4 个组成要素，组织管理包括人员与组织、考核与激励 2 个组成要素。

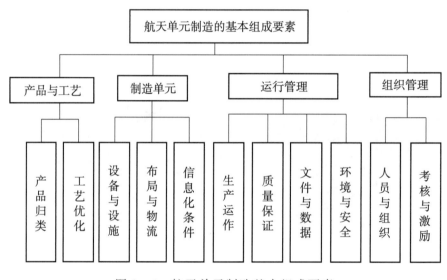

图 2-4　航天单元制造基本组成要素

　　（1）产品与工艺

　　①产品归类

　　产品归类成组是单元化的前提，利用产品间的相似性（工艺相似、结构相似、材料相似等），按照一定的准则进行归类。产品或零件族的归类分组方法主要包括：基于外观特征的经验分析、生产流程分析、聚类分析等。制造单元产品族的内容包括产品范围、产品系列的构成、产品零部组件清单、一定时期的投产数量等。

　　②工艺优化

　　工艺技术是单元的核心，工艺优化是制造单元建设的重点，是单元高效运行的前提。用于单元产品族生产的成组工艺，包括固化的工艺流程、细化到作业层的工艺要求、详细操作规程、标准作业细则等。工艺优化方法包括改进传统工艺方法、优化工艺流程、改进加工路径等，对产品工艺进行优化，不断推进工艺技术的量化、固化、标准化。

（2）制造单元

①设备与设施

设备与设施是指单元中配备的加工设备、仪器设备、工装工具、设施器具等，是构成单元的实物基础。设备的配备要符合能力均衡原则，根据各工序、工位的工艺和质量控制要求，以及任务负荷的匹配确定其具体的类型、能力和数量。其他实物配置应符合完备性原则，包括：工艺装备（如工作台、模具、胎具、吊具、物流器具等）、工具器械（如刀具、量具、夹具、辅具等）、工位设施（如桌椅、储物箱柜、防护用具等）。

②布局与物流

制造单元的生产设备和设施须按照工艺流程在一定区域内配备，形成单元化布局，这是单元制造模式的突出特点。布局可采取 U 型、直线型、圆型等，也可根据场地状况采用其他形式；不同单元的共用设备应安排在单元间的邻接位置。布局时还需规划生产物料和生产用具的物流路径和存放区设置，确定物流通道结构和运送形式，现场用具的摆放尽量做到目视可见、随手可取、定置管理。

③信息化条件

在制造单元内，由于产品相似、工艺流程固化，因此信息化体现出面向单元应用的新特点。具体包括：根据设备布局与工位分布，配置计算机终端、电子看板、数据采集终端等；制定产品实物标识，配合相应的采集手段，实现产品实物状态信息的快捷采集；通过规范操作、执行标准作业等提高生产的标准化程度，推进单元生产数据自动化采集；进行产品数据、工艺知识、操作参数、测量结果等信息数据库的建设和集成，提高生产效率和管理精细化程度。

（3）运行管理

①生产运作

生产运作对于提高单元生产效率，实现均衡生产有重要的意义。具体包括：平准化的生产计划，即将任务量均匀分布在每天每时的生产时段内；根据任务数量和制造能力确定生产节拍，保证所有的工序按照节拍生产；规范工序作业及设定标准作业时间，尽可能按照同步化流动组织生产；通过对不同作业速度的人员分别分组，设置机动作业员等方法解决生产运行中由于作业速度不一致引发的不均衡问题；对于生产的异常状况，可采用发现者先汇报或先停止作业等方式处理；通过设置规则等策略组织单元的调度，并利用生产看板，实行目视管理。

②质量保证

制造单元在质量保证方面的特色有：通过固化工艺流程、细化作业步骤、规范操作细节等在提高效率的同时提高质量的一致性，以及由单元生产团队共同承担保证产品质量的责任。要素内容包括：产品交付质量要求、过程质量控制方法、岗位质量职责、产品检验规程、质量问题处理办法、质量数据处理与分析方法、单元数据包的构成等，满足完整性、可追溯性等航天质量控制要求。

③文件与数据

文件与数据是指包含管理规定和作业规程等内容的文件文本（纸质或电子形式），以及记载生产经验、过程记录、历史数据等数据体系，构成单元的生产依据和信息载体，便于执行管理或指导生产时及时查阅，进行设备操作或人工作业时快速检索，同时为单元的不断规范和发展提供记录的载体和改进的基础。

④环境与安全

环境与安全是指保证单元正常规范运行的生产作业环境和安全保障条件，包括：满足产品生产要求的能源、动力、温湿度、洁净度、光照度、电磁等环境条件，符合环保标准的废弃物处理和环境保持方法，生产现场各类危险源、各级危险点的防护措施和处置办法，促进员工身心愉悦的工作条件改善措施，符合军工要求的现场保密管理规定，以及体现航天特色的单元文化氛围。

（4）组织管理

①人员与组织

通过单元建设，不同专业工种的人员共同组成面向特定产品族的生产团队，这是单元的主要特点之一。要素内容包括：单元所需的操作、检验、管理等人员的数量、工作内容、工作标准，人员之间的分组形式，不同岗位的轮换机制和替代关系，常备人员和临时人员间的调配方法等。应力争工作量的均衡，处理好作业的专一性和多样岗位操作的关系，促进交流与沟通，注重多能工的培养。

②考核与激励

单元制造将员工视为有潜力可挖的对象，采用培养与激励的方法，充分发挥员工智力资源；各种新工艺、新方法、新的资源组合技术不断涌现，提高产品可制造性，改善工艺技术。同时，单元制造能够使员工的自主性、责任感和成就感增强，工作更富于挑战性，减少了单调的重复，增加了工作乐趣。

2.3　运用方式与实施效能

2.3.1　运用方式

航天单元制造的运行机理是通过流程优化实现客户价值和批产能力提升，这两方面是相辅相成的，也是实施单元制造的根本所在。因此，实施航天单元制造，需要找到卡脖子的地方，并进而通过业务流程的进一步理顺来优化流程，消除整个过程中不增值的活动，实现价值的提升。同时，进一步缩短制造周期、提高生产效率，并最终达到提高批产能力和柔性生产能力的目标。

航天单元制造有产品与工艺、制造单元、运行管理与组织管理 4 大部分共11 个组成要素，其运行方式涵盖制造单元规划、运行管理机制和能力效能生成等方面，需要综合考虑生产组织方式、运行管理活动及 11 个组成要素的相互关联关系。在运用过程中，首先需要根据产品特点构建出应对任务变化的制造单元，并在此基础上建立合理的单元运行管理机制，以实现基于单元制造的生产精细化管理，从而保证单元发挥最大应用效能，单元制造模式的运用方式如图 2-5 所示。

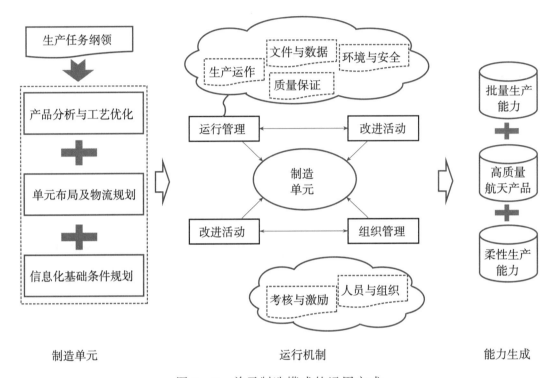

图 2-5　单元制造模式的运用方式

当接收到生产任务纲领时，航天单元制造首先需要解决如何构建制造单元的问题，需要对产品的工艺特性进行梳理，区分哪些产品适用于单元制造，利用成组技术进行零件族的分类及单元的划分，形成面向生产的产品系列，通过工艺流程分析实现工艺规划设计，进而应用制造系统建模仿真分析平台对单元制造进行优化仿真。然后，需要考虑制造单元或生产线的布局和物流设计，进行设备和设施配置，整合生产场地、厂房、设备，根据任务纲领确定制造单元所需的设备类型和数量，并结合产品工艺路线，设计物流形式。

另外，单元制造需要从生产运作、质量保证、文件与数据、环境与安全等角度构建有效的运行管理与作业机制，促进单元的技术、人员、设备、物流、信息、环境等要素的有机联系和协同作用。组织管理方面，需要合理的人力资源配置，将人员作为制造过程中的关键因素，充分考虑人在制造活动中的地位和作用，建设合理高效的人员团队，建立人员职责分工、考核与激励等机制，合理利用人员的能力，提升人员柔性和生产效能。通过对制造单元的组织管理和运行管理，保证物料和信息的高效顺畅流转，从而提升生产效率，缩短交付周期。同时，在制造单元的基础上，充分利用先进的管理思想对生产、工艺、质量、物料、设备、人员等实施变革，注重将变革的成功经验转化为规章制度，认真落实到实际工作中，一方面扩大变革的覆盖面，另一方面尽量规避变革的风险。

航天单元制造还可以通过构建评价与反馈机制，及时对单元进行系统、科学、实时的评价，提早发现问题，分析原因并及时进行修正，以便为制造单元的设计构建和调整优化提供依据，实现制造单元和管理活动的优化完善。

单元制造以先进的制造技术作为基础。现代制造，除了强化流程优化，还有很重要的一点，即加强新兴制造技术的应用。相对而言，考虑到制造设备、材料、工艺等技术的发展，我国在制造技术方面还相对落后，影响了制造能力的提高。例如，机械加工中的车加工和铣加工，传统的工艺是分开的，现在有了车铣复合设备，就大大缩短了制造时间，对保证质量也有极大的好处。

同时，值得特别注意的是，单元制造需以数字化、信息化为基本保证，单元制造与数字化、网络化技术融合才能实现高质量发展。随着新一代信息技术的发展，现在三维数字化设计技术已经较为成熟，在制造过程中，完全可以采用更先进的数字化制造技术。一方面，将产品的设计与工艺完全打通；另一方面，在产品制造过程中，将过去完全依赖于人的经验所进行的各种生产组织管理，如调度、监控、质量等活动，通过信息化的手段，从决策经营层、中间计划调度层、底层设备监控层等建立多层次的信息化管理系统，实现有序、高效、高质的制造。

实践发现，单元制造可以彻底改变产品研制与批生产分离的状况，改变研制阶段精雕细琢、一台设备干到底、正式生产时再细分工序的做法，做到在研制阶段就充分暴露生产中可能遇到的问题，在批生产时有一个稳定的工艺状态。

2.3.2　实施效能

航天单元制造方式在降低成本、减少费用、保证质量、提高员工能动性、提高生产力等方面优势明显。具体表现如下。

1）提高生产效率。设计在空间上没有断点与隔离的各个工序，即如果拥有一个流动的作业模式，则搬运、堆码、寻找、等待等浪费作业会被消除；压缩机器切换时间，分流切换次数，避免无效的切换，可大幅减少切换所带来的时间损失；机种切换只需要更少的时间，能够保证快速制造的要求。

2）改进产品质量。将相似的生产任务集中完成，减少生产准备时间，提高作业熟练程度，增强产品质量一致性；在由工序拆分建立的单元中，通过分工细化和人员细分，提高作业的专业性和专注度，也能提高产品质量。

3）增加生产柔性。生产过程机动灵活，在产量高的时候增加单元，产量低的时候减少单元，以适应多变的市场需求。只需极少的产能调整费用，就可以实现生产线随任务变化而同步同量增加产能，由此可以杜绝由于任务量高低起伏变化带来的产能不足与过剩。航天单元制造的概念不仅基于工艺布局，在产品的设计和工艺、生产组织上同样适用，如果扩展，可以提高设计标准化和工艺标准化水平，将有利于企业发展按同类零件组织的专业化生产。

4）降低管理难度。单元制造突破了原有的组织壁垒，缩短了物流路径，简化了管理环节，降低了工序间协调调度难度。通过产品沿工艺路线的有序流动和节拍调节，减少工序间在制品数量，降低生产控制和管理的复杂性。

5）提升人员利用率。单元制造能随时精准配置作业人员，及时响应任务量和作业工时的变化，发挥人员的最大效能。

航天单元制造方式与传统的大批量生产方式相比，能以尽可能低的成本来制造出多样的满足任务要求的产品，可以迅速适应任务量的变化，满足批量生产交付期短的任务需求。实践证明，单元制造模式具有在制品库存少、成品库存少、生产物流量小、任务响应时间短、运输时间短、设备调整时间短以及生产费用低等优势，可以有效提高员工能动性，提升生产效能。

2.4　航天制造单元与实施流程

2.4.1　航天制造单元

制造单元是单元制造模式的载体和核心。航天制造单元是为了加工一个或者几个在结构和工艺上有一定相似性的零件族而建立的生产单位，是针对批生产"卡脖子"的航天产品而组建的、满足航天产品不同制造工艺流程（如零件加工、部件装配、总装测试、产品铸造等）的顺序和要求而规划布置的有形实物设备设施的总称。通常情况下，在一个制造单元内配备成套的生产设备和工艺设备，可以完成零件绝大部分加工工作，适应相似品种、中小批量产品的加工。制造单元可以由数控设备和普通设备混合构成，也可以全部由普通设备构成，大大减少了建设投资和管理维护费用。

航天制造单元的构建解决了原有机群组织方式下零件物流路径长、制造周期长的问题。零组件一旦进入该单元，按工艺完成全部的加工工艺再出该单元，无须多次出入。在该单元内，人力资源也是按照生产纲领的动态变化进行柔性配置。同时，同类相似性的零组件集中生产，可以显著地减少频繁变更加工对象所引起的调整时间损失，简化了生产过程中不同产品间的技术准备，解决了产品之间快速转换的问题。

结合研制和批产需求，航天制造单元可以采取混合布局方式，利用科学的生产组织手段，对一类零部件集中生产，大幅提高零部件生产效率；部段装配和总装按型号布局，针对关键产品组建装配单元和测试单元，从零件制造到型号装配和总装测试构成型号批生产线，大幅提升型号产品的批生产能力。航天制造单元有多种分类方式，例如：根据建立单元的目的可分为提高产能型、确保质量型、节约资源型等；根据单元运行特点可分为产品流动的加工型单元和人员流动的装配型单元；还有根据布局等特点的其他单元分类方式。此外，以数控机床或加工中心为核心的独立制造岛，以及设备资源虽然没有集中布置但在逻辑上按照单元理念运行的情况也可作为制造单元的表现形式。在零件加工、部段装配、产品铸造等有代表性的领域，可以构建机械加工单元、装配单元和铸造单元等。

2.4.2 单元构建原则

航天制造单元是实施航天单元制造模式的重要载体，航天制造单元的构建原则如下。

1）相似性原则：单元内的生产对象，应当设计状态稳定、工艺成熟，具有类似的结构特点和相似的工艺过程，构成系列化产品的柔性生产过程。

2）均衡性原则：单元内的设备、设施、人员等资源的配备，必须进行能力和负荷的均衡，满足连续性、同步化等流动生产的要求。

3）完备性原则：产品生产所必需的物品必须集中在单元现场内，且只有这些物品允许存放于单元现场内；每件物品须有其存在的理由、确定的位置和明显的标志。

4）团队化原则：单元的人员组成应包括产品生产所需的不同岗位，以团队的形式共同承担进度、质量等职责，并共享收益。

2.4.3 组织实施流程

航天产品制造单元的组织实施主要包括分析与准备、方案设计与优化、单元建设实施三个阶段，具体如下。

（1）第一阶段：分析与准备阶段

针对典型产品，分析单元制造模式应用的可行性；根据单元的构成要素，进行相关的数据、资料搜集和整理；选择合适的方法和工具，为实施方案的设计与优化提供方法支持；从单元建设的目的出发，建立应用效果的评价方法与指标，指导方案优化和应用调整。

（2）第二阶段：方案设计与优化阶段

以产能目标、实际条件等为依据，进行适应单元化应用的技术流程和业务流程调整，作为单元方案设计的开端；开展单元方案的规划与设计，通过分析和评价，提出方案调整和优化的内容和措施，并进行相应的调整，经过进一步的分析、评审等工作，得到优化后的单元详细实施方案，作为制造单元建设与实施的依据。

（3）第三阶段：单元建设实施阶段

根据单元详细实施方案，进行各项单元实物要素的配置与安排，确定生产运作、质量保证等单元运行机制，制定与现场条件密切契合的管理细则，基本完成单元的建设，开展试应用，评估试用效果，施行相应的改进措施，启动单元的正式应用，并对建设规律和经验进行归纳和提炼。

2.5　小结

本章主要研究了航天单元制造的内涵特征、体系架构、运用方式以及制造单元的实施流程。介绍了航天单元制造的概念内涵，分析了航天单元制造的基本概念、主要特征和适用范围；提出了航天单元制造的体系架构与组成要素，结合航天产品制造企业的生产应用实践经验，概括了航天单元制造的 4 大部分 11 个基本组成要素；并提出了航天制造单元的构建原则及组织实施流程等。

参 考 文 献

［1］ 王国庆，胡新平．首都航天机械公司集成制造系统顶层设计（制造单元系列之一）
　　　 ［J］．航天制造技术，2005（5）：11－15．

［2］ 王国庆，胡新平，刘欣，等．传动组件制造单元在首都航天机械公司的实践（制造
　　　 单元系列之二）［J］．航天制造技术，2006（1）：3－7．

［3］ 王国庆，胡新平，刘欣，等．机械加工单元的实用工艺布局方法与工艺优化（制造
　　　 单元系列之三）［J］．航天制造技术，2006（2）：1－5．

［4］ 王国庆，胡新平，刘欣，等．制造单元的定位以及范围和规模问题（制造单元系列
　　　 之四）［J］．航天制造技术，2006（3）：5－8．

［5］ 王国庆，胡新平，刘欣，等．伺服舱铸造单元在首都航天机械公司的实践（制造单
　　　 元系列之五）［J］．航天制造技术，2006（4）：1－3，16．

第3章 航天制造单元的设计与构建

制造单元是单元制造模式的载体和核心。航天制造单元的设计和构建是对航天制造单元的设计、规划和建设等活动的总称，主要包括产品归类、工艺与流程优化、制造资源规划、制造单元布局和制造单元信息系统构建等内容。产品归类是制造单元设计的前提条件，利用产品间的相似性按照一定的准则分类成组形成产品族，针对归类后的产品族推进工艺优化和标准化，便于后续采用相同或相似的工艺设备。结合工程实践，研究制造资源规划、制造单元布局和制造单元信息系统构建的方法。

3.1 产品归类

通过产品-数量（Product Quantity，P-Q）分析，单元制造模式的适用范围是种类较多、批量中等的产品。在实际生产中，可以按照需要依据相似性来对产品进行归类，扩大产品工艺批量，使数量达到中小批的规模。因此需要对产品进行分析归类，利用产品间的相似性（工艺相似、结构相似、材料相似等）按照一定的准则分类成族，便于后续针对同族产品采用同一种处理方法，如按照产品族统一设计优化工艺方案、研究产品族统一的物流方案（转运、分拣、仓储、上下料、包装等）、研究族内产品间的快速换型方案、研发可兼容同族产品同类工艺过程的制造装备等。在航天制造领域，常用方法包括视检法、生产流程分析法、聚类分析法等。

3.1.1 视检法

视检法分类的基础是零件的设计者或者是具有丰富经验的工艺人员，对零件的外形、尺寸、功能、材料等外观特征等非常了解。通过对零件图样仔细阅读和判断，把具有某些特征属性的零件归结为一类。其效果主要取决于个人的生产经验，多少带有主观性和片面性。视检法的优点是操作十分简单，在生产零件品种不多或有一定总体分类原则的情况下，可以采用此种方法对产品进行归类。

例如在对泵阀产品进行归类时，先将零件按照其结构特征划分为以轴为代表的回转体类产品和以壳体为代表的非回转体类产品两大类。

在回转体类产品中，考虑到涡轮泵轴类和阀门轴类产品加工工艺差别较大，体现在涡轮泵轴精度要求比较高、结构复杂，加工流程多，工序多，而阀门轴加工涉及大量的非金属加工，因此将回转体类产品分为涡轮泵轴类产品和阀门轴类产品。涡轮泵轴类产品按照外形差异又可分为诱导轮类、离心轮类、涡轮转子类和轴套类，这些产品加工精度较高，应用到的设备为车床、铣床、磨床，且工艺流程基本一致。阀门轴类产品按照外形差异又可分为顶杆类、阀杆类、阀芯类、轴类、筒类，这些产品结构相对简单，加工流程短，应用到的设备主要为车床、铣床，且主要工艺流程基本一致。

在非回转体类产品中，由于涡轮泵零件与阀门零件所需设备差异较大，且涡轮泵的非回转体类零件精度要求高，加工工艺复杂，因此将其分为涡轮泵壳体类产品和阀门壳体类产品。涡轮泵壳体类产品按照外形差异又可分为泵螺壳体类、涡轮壳体类、支座类，这些产品结构复杂，加工精度高，应用到的主要设备为车床、铣床、镗床，主要工艺流程基本一致。阀门壳体类产品按照其尺寸大小差异，所需设备不同，将其分为阀门大壳体类和阀门小壳体类。两类产品按照外形不同，又可分为二通壳体、三通壳体、多通壳体三类。泵阀零件族划分结果如图 3-1 所示。

3.1.2　生产流程分析法

生产流程分析（Production Flow Analysis，PFA）是研究工厂生产活动中物料流程客观规律的一种统计分析方法。着重分析生产过程中从原材料到产品的物料流程，研究最佳的物料流程系统。生产流程分析法一般包括工厂流程分析、车间生产流程分析和生产单元流程分析三个主要阶段。工厂流程分析对全

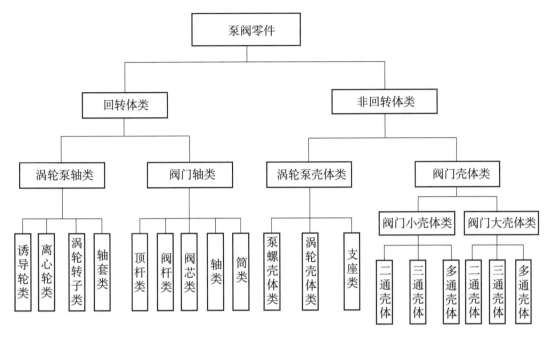

图 3 - 1　泵阀零件族划分图

厂的物料流程进行统计分析，以正确地组成和划分各个生产车间与管理部门，使工厂全生产过程有合理的物料流程。车间生产流程分析对本车间生产的全部零件的工艺过程进行统计分析，按工艺过程将零件划分为加工族，寻求出加工各加工族的相应的一组设备（机床）。生产单元流程分析是以单元内生产零件为对象，通过进一步对工艺过程的分析，寻求单元最合理的设备平面布置。生产流程分析的三个阶段分析范围和目的是各不相同的，但彼此紧密联系。

通过对零件生产流程的分析，把工艺过程相近的，即使用同一组机床进行加工的零件归结为一类，可以按工艺相似性将零件分类，以形成加工族或工艺族。同时也能决定出其相对应的加工设备（机床）组，常用于成组单元的设计。

生产流程分析法主要依照以下步骤划分零件族。

（1）数据采集

第一步是确定零件分析范围，并收集所需要的数据。要确定分析范围是车间生产零件的全部还是一部分，对分析范围内的每种零件的工艺过程信息、批量、工时定额、生产纲领等数据进行采集。

（2）工艺过程编码

若采用机床代码，规格相近的同类型机床可用同一代码，但同类型机床用于不同性质的工序（如粗、精加工等），则应采用不同的代码。同一工艺过程中，若有若干工序使用代码相同的机床，则仅对最先工序编码，即工艺过程编码不会有相同的代码出现。不需要特殊设备或采用低廉设备的辅助工序，如划线、钳工及检验工序等，可以不予编码。按上述规定，仅需对工艺过程的代表工序编码，即分析不包括性质相同的工序和次要的辅助工序。

（3）建立原始零件—设备数据矩阵表

将收集到的经过工艺过程编码的全部零件汇总，可以得到原始零件—设备数据矩阵表。如果表中某零件的所在行和某设备的所在列对应的单元格数值为1，则表示该零件在加工过程中使用到了该类型的设备。留空的单元格表示的是对应行的零件不需要在对应列的设备上加工，见表3-1。

表 3-1　原始零件矩阵

零件	设备					
	1	2	3	4	5	6
1					1	1
2		1		1		
3	1				1	
4		1	1	1		
5			1	1		
6	1				1	1

（4）生产流程分析

在零件种类不多、工艺流程不复杂的情况下，可以用人工的方法进行分析。对原始零件—设备数据矩阵表中的数据进行行列的重新排列，将工艺过程相似的零件及所使用的机床相对集中于矩阵表中的某一局部区域。例如表3-1经过简单重排之后可以得到表3-2，显然表3-1中的6种零件可以分成两个零件族：族1——1、3、6号零件，相应的设备有1、5、6；族2——2、4、5号零件，相应的设备包括2、3、4。

表 3 - 2　分类成组矩阵

零件	设备					
	1	5	6	2	3	4
1		1	1			
3	1	1				
6	1	1	1			
2				1		1
4				1	1	1
5					1	1

通过这种方法基本让使用到相似加工设备的零件聚集成一个零件类。但是这种方法纯粹从工艺流程使用到的机床设备出发，未能全面考虑零件的属性和特征，因此分类结果不可避免地带有缺陷。大多数情况下，需要进行人工调整，即通过人工判断，调整零件族的划分结果。

3.1.3　聚类分析法

过去分类主要是靠人的主观经验和专业知识，但科学技术的迅速发展，使这种经验分类已无法得出确切的分类结果。随着计算机技术和多元统计分析技术的发展，出现了聚类分析法。聚类分析是用来处理客观分类的一种方法。在已知的分类条件下，通过分析找出客观分类的判据。这一分析方法已经用于成组技术的分类分组中，并且结合计算机技术实现分类分组的自动化。相关概念如下。

样品：是分类对象的单一个体。在零件分类中，每一个零件即为一个样品。

分类全域：是分类样品的集合。

类：是分类全域的一个子集。可以包括一个或多个样品，单一样品亦可以是一个独立的分类。因此，一个零件，既可看成是一个样品，也可看成是只有一个样品的特殊的类。

相似系数：是描述两个样品之间相似程度的统计量。在处理不同的具体问题时，可以构造不同的相似系数统计量。单一样品之间可以构造一定的相似系数统计量来描述它们之间的相似性。同样，当样品合并成类时，也可以按一定的法则构造相似系数统计量，以描述样品与类之间或类与类之间的相似程度。这种构造样品与类、类与类之间的相似系数统计量的法则称为聚类分析法，该统计量称为类相似系数。

聚类分析法是根据规定的统计量将多种零件逐次聚合成类。其过程如下：

1）计算零件之间的各相似系数，据此列出原始相似系数矩阵表，将矩阵中相似系数数值最高的一对零件聚合成新类。

2）按规定的聚类方法计算出新类与其余的零件类（单一零件亦可认为是一类）之间的类相似系数，据此建立新的相似系数矩阵。

3）再次将新矩阵中相似系数最高的一对零件类聚合成新类。重复上述过程，直至零件分类终止条件得到满足。

4）聚类分析法零件分类的终止条件可以有两个：最终分类组数；相似水平，即允许聚合的最小相似系数。

例如，采用聚类分析法对 15 种航天型号产品 12 类壳体进行成组分类分析，为制造单元的构建、工艺布局设计、生产组织模式的建立提供输入条件。整个流程包含"壳段向量化→数据归一化→相似度计算→层次聚类法"四个步骤。

（1）壳段向量化

梳理 15 种航天型号产品（型号 X_1、型号 X_2、…、型号 X_{15}），共计 12 类壳段（壳段 A 类、壳段 B 类、…、壳段 L 类），每类壳段的工艺规程包含三类特征："工序目录""制造资源"以及"零件明细"，且每类包含多个不同特征。

向量化的评价标准主要包含两点：

一是向量化后的向量是否能表征产品的综合特征；

二是向量化后的向量是否具备唯一性，即不同型号的不同壳段具备不同的向量。

向量化步骤主要包括以下 4 步：

第一步：找出工艺规程中有助于区分"不同型号同类壳段"的所有特征 a，

满足评价标准一。

第二步：找出工艺规程中有助于区分"同种型号不同壳段"的所有特征b，满足评价标准一。

第三步：合并 a、b 特征，所得特征集即可用于区分"不同型号不同壳段"，满足评价标准二。

第四步：设定每个特征的取值标准。

按照以上步骤分"工序目录""制造资源""零件明细"三个类别，梳理出特征类型，见表 3-3。

表 3-3　特征类型表

工序目录	制造资源	零件明细
制端面孔	摇臂钻床	金属壳体 a
安装传动支架	电子天平	衬套数
工种	电子吊秤	支架数
机加	百分表	壳体 b
X 射线	力矩扳手	舵芯
工序数	数控车削中心	舵轴
焊接	温湿度计	××板
镗孔	数控卧车	金属壳体 c
铣工	数控镗铣床	壳体 d
阳极化		金属壳体 e
酸洗		盖板
攻螺纹		密封盖
侧壁孔		锻件
镀锌		壳体 f
内壁孔		
安装配重块		
安装卡箍		
车工次数		

续表

工序目录	制造资源	零件明细
喷涂		
测量		

针对每一个壳体,按照提取的特征对其进行赋值。特征取值规则如下:工艺流程中需要的工序赋值 1,不需要的工序赋值 0,工种、工序数量按照实际数量赋值;制造资源中需要用到的设备赋值 1,不需要的设备赋值 0;配套零件按照实际配套数量赋值。以型号 X_1 壳段 A 为例,特征数值表见表 3 - 4。

表 3 - 4　特征数值表

属性		型号 X_1 壳段 A
工艺流程	制端面孔	1
	安装传动支架	0
	工种	2
	机加	0
	X 射线	0
	工序数	18
	焊接	0
	镗孔	0
	铣工	0
	阳极化	0
	酸洗	0
	攻螺纹	0
	侧壁孔	1
	镀锌	0
	内壁孔	0
	安装配重块	0
	安装卡箍	0
	车工次数	0
	喷涂	0
	测量	0

续表

属性		型号 X_1 壳段 A
制造资源	摇臂钻床	0
	电子天平	0
	电子吊秤	1
	百分表	0
	力矩扳手	0
	数控车削中心	0
	温湿度计	0
	数控卧车	0
	数控镗铣床	0
配套零件	金属壳体 a	0
	衬套数	0
	支架数	21
	壳体 b	1
	舵芯	0
	舵轴	0
	××板	0
	金属壳体 c	0
	壳体 d	0
	金属壳体 e	0
	盖板	6
	密封盖	0
	锻件	0
	壳体 f	0

因此

型号 X_1 壳段 A 对应向量 =（1　0　2　0　0　18　0　0　0　0　0　0　0　1

0　0　0　0　0　0　0　0　0　0　1　0　0　0　0　0　0　0　0　0　21　1　0　0

0　0　0　0　6　0　0　0）

（2）数据归一化

以型号 X_1 壳段 A 为例。对其每一个特征取值进行归一化，例如，"工序数"特征，按照实际情况计算，所有部段在该特征上的取值最大值为 34，最

小值为 8，而型号 X_1 壳段 A 工序数为 18，因此归一化后该特征值为

型号 X_1 壳段 A 工序数特征值=(18-8)/(34-8)=0.384 6

同理可得：型号 X_1 壳段 A 归一化后对应向量为

型号 X_1 壳段 A 的特征向量=(1　0　0.25　0　0　0.384 6　0　0　0　0　0

0　1　0　0　0　0　0　0　0　0　1　0　0　0　0　0　0　0　0.7　1

0　0　0　0　0　0　0.5　0　0　0）

（3）相似度计算

自上一步得到各部段归一化后的向量后，便可以计算各部段之间的相似度，关于距离的计算，最常使用的是欧几里得距离，即欧氏距离。此外，在聚类分析中对于连续变量的距离还有明考斯基距离、马氏距离、兰氏距离等。采用欧氏距离法进行计算。n 维向量（x_{11}，x_{12}，…，x_{1n}）与（x_{21}，x_{22}，…，x_{2n}）间的欧氏距离为

$$d_{12}=\sqrt{\sum_{k=1}^{n}(x_{1k}-x_{2k})^2} \tag{3-1}$$

以型号 X_1 壳段 A、型号 X_3 壳段 A 为例，有

型号 X_1 壳段 A 的特征向量=(1　0　0.25　0　0　0.384 6　0　0　0　0　0

0　1　0　0　0　0　0　0　0　0　1　0　0　0　0　0　0　0　0.7　1

0　0　0　0　0　0　0.5　0　0　0）　　　　　　　　（3-2）

型号 X_3 壳段 A 的特征向量=(1　0　0.5　1　0　1　1　0　0　1　1　0　0　0　0

0　0　0　0　0　0　0　1　0　0　0　0　0　0.235 294 118　0.4　1　0

0　0　0　0　0　0.5　0　0　1）　　　　　　　　（3-3）

计算型号 X_1 壳段 A 与型号 X_3 壳段 A 之间的距离

$$d_{型号X_1壳段A,型号X_3壳段A}=\sqrt{(1-1)^2+(0-0)^2+(0.25-0.5)^2+\cdots+(0-0)^2+(0-1)^2}$$
$$=3.121 951$$

$$\tag{3-4}$$

最终可得 15 种型号壳段产品的距离矩阵，以型号 X_1 和型号 X_5 为例，见表 3-5。

表 3-5　壳段距离矩阵表

数值	型号 X_1 壳段 A	型号 X_1 壳段 B	型号 X_1 壳段 C	型号 X_5 壳段 D	型号 X_5 壳段 E
型号 X_1 壳段 A	0	2.819 650 509	2.593 631 57	2.826 920 46	2.855 559 657
型号 X_1 壳段 B	2.819 650 509	0	2.660 249 923	3.490 318 393	3.605 443 923
型号 X_1 壳段 C	2.593 631 57	2.660 249 923	0	3.012 119 122	3.453 511 355
型号 X_5 壳段 D	2.826 920 46	3.490 318 393	3.012 119 122	0	2.978 281 02
型号 X_5 壳段 E	2.855 559 657	3.605 443 923	3.453 511 355	2.978 281 02	0

（4）层次聚类法

聚类分析法的基础为欧几里得距离矩阵，在得到各壳段之间的欧几里得距离矩阵后，找出其中除对角线外最小的一个数值，鉴于距离矩阵的对称性，最小的数值个数必为 2 的倍数，不失一般性，可将当前最小值的个数记为 $2n_1$，该数值对应的 n_1 组壳段置于最底层，并将该层记为 0。将同组壳段视为整体重新计算距离，重复之前步骤，直至所有壳段成为 1 类，即可得到树状图。具体流程如图 3-2 所示。

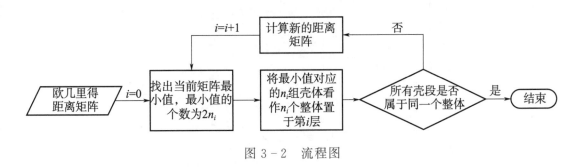

图 3-2　流程图

对所有壳段聚类后，所得树状图如图 3-3 所示。

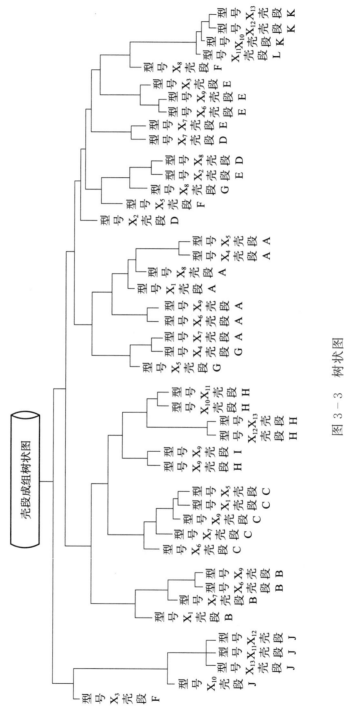

图 3 - 3　树状图

　　当分组的数量较少时，组内产品差异依然较大，工艺合并以及布局等难度较高；而当分组的数量较多时，产品批量较小，物流转运成本较高。因此，分组的数量需要进行权衡，结合分类的结果图，考虑实际生产强度、工艺路线相似等因素，分为三类，见表 3 - 6。

表 3 - 6　产品类别表

壳段类别 1	壳段类别 2	壳段类别 3
型号 X_1 壳段 B	型号 X_4 壳段 G	型号 X_5 壳段 F
型号 X_7 壳段 B	型号 X_5 壳段 G	型号 X_2 壳段 D
型号 X_9 壳段 B	型号 X_6 壳段 A	型号 X_8 壳段 G
型号 X_6 壳段 B	型号 X_7 壳段 A	型号 X_2 壳段 E
型号 X_6 壳段 C	型号 X_1 壳段 A	型号 X_7 壳段 D
型号 X_7 壳段 C	型号 X_9 壳段 A	型号 X_8 壳段 D
型号 X_9 壳段 C	型号 X_4 壳段 A	型号 X_6 壳段 E
型号 X_1 壳段 C	型号 X_8 壳段 A	型号 X_7 壳段 E
型号 X_5 壳段 C	型号 X_5 壳段 A	型号 X_3 壳段 E
型号 X_9 壳段 H		型号 X_8 壳段 F
型号 X_9 壳段 I		型号 X_9 壳段 E
型号 X_{12} 壳段 H		型号 X_{10} 壳段 K
型号 X_{13} 壳段 H		型号 X_{11} 壳段 L
型号 X_{10} 壳段 H		型号 X_{12} 壳段 K
型号 X_{11} 壳段 H		型号 X_{13} 壳段 K
		型号 X_{11} 壳段 J
		型号 X_{12} 壳段 J
		型号 X_{13} 壳段 J
		型号 X_3 壳段 F
		型号 X_{10} 壳段 J

3.2　工艺与流程优化

3.2.1　工艺设计

产品分类成组是单元化的前提，工艺技术是单元的核心，应符合相似性原则。在航天单元制造实践中，存在典型共性的用于单元产品族生产的工艺，具体工艺内容包括固化的工艺流程、细化到作业层的工艺要求、详细操作规程、标准作业细则等。

面向航天制造单元的工艺设计流程，首先是确定产品零件族，其次开展优化工艺流程、绘制工艺路线图、绘制综合工艺顺序图、计算工序负荷、确定工序数量和排列、绘制单元工艺布局平面图、调整工艺路线图等工作。一般分为8个步骤，如图3-4所示。

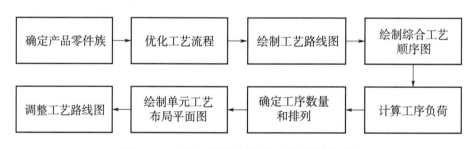

图3-4　面向制造单元的工艺设计流程

（1）确定产品零件族

首先需要确定制造单元的零件类型和范围。一般有两种情况：一种是零件类型和范围非常明确；另一种是希望本单位的加工任务由几个制造单元承担，这就需要把加工任务进行分类。

采用成组技术对加工任务进行分类，通过成组编码把所有零件进行归类，形成几个零件族，再针对这几个零件族构建制造单元。采用成组技术的优点是可以快速对零件分类，并根据成组编码组织生产。为了降低单元生产管理的复杂程度，制造单元的规模要适当，加工零件族不宜太大，单元内同时流动的工艺流程不宜过多。

（2）优化工艺流程

优化工艺流程是规划单元工艺布局的重要工作，最常用的手段有：利用数控设备取代传统设备、增加必要的工装等。工艺流程优化结果能够直接体现在制造单元布局上，减少一个工序，一般可以减少一台设备。工艺流程优化是一个循序渐进的过程，随着操作者的熟练程度、管理者的水平、信息化手段等的变化而改变，一次到位的想法是不现实的，应做好持续改进的准备。

（3）绘制工艺路线图

航天型号产品零件的加工周期比较长，"流水节拍"一般以数小时计，对"节拍"的精确度要求不高。另外，航天产品机械加工制造单元一般都是多零件流动，不同制造单元内可能有几条甚至几十条流程同时流动，给制造单元的工艺布局和生产组织等带来很大困难。

零件的工艺路线图与常规理解不太一样，有一些工艺路线需要分解成两个或者更多的流程，如一种零件在单元内按 5 个一批进行生产，流程中间需要把零件送热处理车间淬火，考虑到淬火的经济性，最少 50 件一炉，另外淬火时间也不由单元控制，这就造成工序间的等待，这是典型的单元内任务外协。解决任务外协一般在生产组织过程中考虑，但是生产组织的复杂程度就要提高。通过在绘制工艺路线图时把流程进行分解，可以简化这个问题。如把零件的工艺路线从淬火工序分成前后两个流程，中间设淬火零件等待架或者待转区，这样更利于组织生产。

绘制工艺路线图是制造单元工艺布局的重要内容，也是生产组织的重要依据。在优化工艺流程的基础上，把各零件工艺路线中的工序进行标号并按工艺路线绘出各零件的工艺路线图。以 A、B 两个零件进行说明，工艺路线图如图 3－5 所示。

图 3－5 中的圆圈表示工序，如一台设备、一个钳工工序或者检验工序等，工序编号写在圈内偏上位置，不同的流程在使用同一台设备、同一个钳工工序或者同一个检验工序时，工序编号相同。另外，在圈内偏下位置写入工序的准结工时，形成带工时的零件工艺路线图。工时要尽量准确，虽然今后还可以随时调整工时，但是变动幅度太大可能会带来某些工序的不平衡。

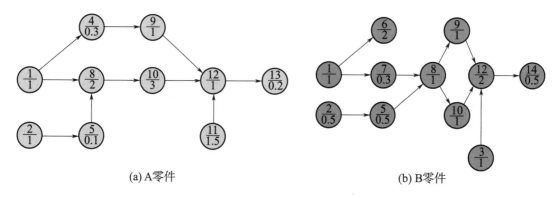

(a) A零件　　　　　　　　　　　　　　(b) B零件

图 3-5　A、B 零件的工艺路线图

带工时的工艺路线图是机械加工制造单元的重要原始数据，尤其在后续计划调度过程中要频繁使用。

（4）绘制综合工艺顺序图

得到零件工艺路线图后就可以绘制综合工艺顺序图了。绘制综合工艺顺序图有两个目的：一是初步汇总单元需要的设备；二是得到各设备或者工序的年工作时间，为计算工序负荷提供数据。

首先把单元内所有零件的工艺路线图合并得到综合工艺顺序图，从综合工艺顺序图中可以看到所有工序内容；再把未来一段时间的零件年平均产量乘以工时填入相应工序的圈内。如果该工序是几个流程合用，则数据要相加。表述式为

$$\sum_{i=1}^{n} i_{\text{工序年平均产量}} \times \text{工时} \quad (n = \text{要合并的工序总数}) \tag{3-5}$$

图 3-6 是 A 零件和 B 零件的综合工艺顺序图。从图中可以看出合并的工序。合并工序的工时是 A、B 两种零件在该工序的工时之和。

（5）计算工序负荷

通过绘制工序负荷图，分析得到生产的各工序能力，并进行工艺优化设计，平衡制造单元工序能力。根据 A、B 零件综合工艺顺序图绘制的工序负荷图如图 3-7 所示。

图中虚线是工序年平均实际能力，立体矩形是该工序的年要求能力。从图中可以看出工序 8、10、12 负荷较重，这 3 个工序是 3 台关键设备，A、B 两

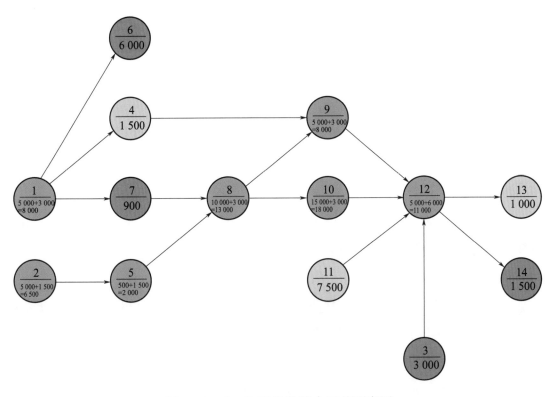

图 3-6　A、B 零件的综合工艺顺序图

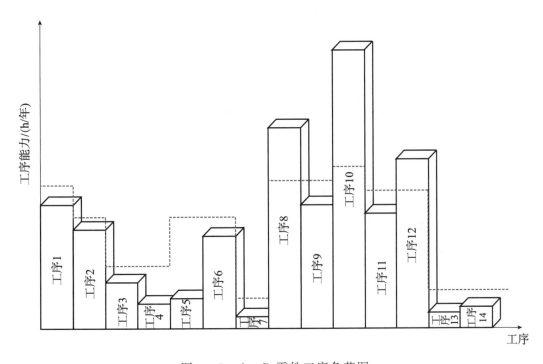

图 3-7　A、B 零件工序负荷图

个流程都要使用。在 3 个负荷较重的工序中，工序 10 可以考虑增加 1 台设备以平衡能力。工序 8 和工序 12 如果是普通设备，可以考虑用数控设备替代，以提高效率，否则可以考虑增加工装以提高零件装夹速度。

图中工序 3、4、5、7、13、14 负荷较低，其中工序 3、4、5 分别是钳工、钻孔、划线等不使用设备或者用台钻等简单设备的工序，可以保留；工序 7 是中转工序，必须保留；工序 14 是整理，也可以保留；工序 13 是精车，由于负荷太低，可以考虑外协解决，节省 1 台车床。

通过工序负荷计算，确定增加 1 台设备，加强工序 10 的能力，减少 1 台车床，把工序 13 改为外协，如此，设备数量就确定了。

（6）确定工序数量和排列

建立制造单元后，已经把管理链条大大压缩，物流路径也降到很低的水平，所以单元内工序间的物流路径长短已经不是生产的主要矛盾了。另外，航天产品多品种、变批量、加工周期长和单元内多流程等特点，决定了制造单元不能过分追求单件流水的效果。也就是说，单元内的工序不一定严格按照工艺流程排列，而应更多地考虑按加工性质进行排列，如粗加工工序放在一起，精加工工序放在一起等。图 3-8 是 A、B 零件制造单元的工序排列图。

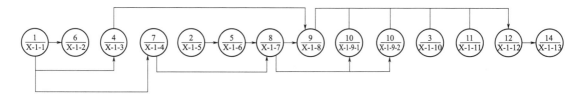

图 3-8　A、B 零件制造单元的工序排列图

为了便于描述各工序，也为了便于组织生产，需要统一描述单元内的工序，给单元内的工序进行统一编号。通常采用车间、单元、工序顺序号、设备顺序号的分层描述方法，如 X 车间第一制造单元内第 9 工序第二台设备编号是：X-1-9-2。注意，由于工序的增减和调整，工序排列图中标注的工序号与零件工艺路线图和零件综合顺序图中的工序号有一定出入。

（7）绘制单元工艺布局平面图

工序排列有多种方式，如直线型、O型、U型等，要综合考虑具体单元的占地形状、周边环境、通道安排、切屑方向、工装摆放和物料路径等。

假设 A、B 零件制造单元有一块长方形的地域，可以满足两行设备加辅助区的摆放，所以采用 U 型布局，在工序排列时考虑单元有 4 个入口和 2 个出口，出入口尽量安排在单元的起始端，由于单元内通道较宽，零件体积比较小，所以辅助工序尽量安排在通道内。

图 3-9 是 A、B 零件制造单元的工艺布局平面图，以 X 车间第一制造单元进行编号。

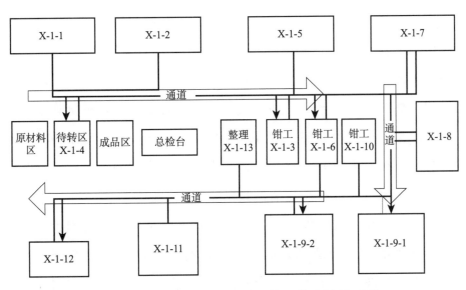

图 3-9 A、B 零件制造单元的工艺布局平面图

图中粗箭头是物流路径，X-1-1 工序是粗车，靠近原材料区便于取料；X-1-4 是粗车完成送热处理回来后的简单处理工序，灰尘较大，所以靠近粗车和原材料区；X-1-3、X-1-6、X-1-10 是钳工工序，集中放置在通道内；X-1-13 是整理工序，整理完毕交检验，所以靠近总检台；产品总检后进入成品区等待交付，所以总检台靠近成品区。工序布置没有绝对的合理，只能在矛盾中寻找相对的平衡。

（8）调整工艺路线图

最后需要根据最终的单元工艺布局方案调整第三步产生的工艺路线图。原工艺路线图中的工序号现在已经没有意义了，需要改成现在的工序号，便于集中入库供组织生产时使用。在得到制造单元工艺布局平面图之后，还可以采用流水线仿真软件或者单元仿真软件对制造单元进行数字化仿真，进一步检查工艺布局的合理性，避免实施过程中的反复。

3.2.2　工艺改进与优化

工艺改进与优化是制造单元建设的重点，是单元高效运行的前提。面向单元高效、高可靠、低成本运行，结合数控设备、新型刀具、物流设备等硬件条件，对产品工艺进行优化，不断推进工艺技术的量化、固化、标准化，从而再优化，使之成为螺旋上升模式的良性循环，以提升制造单元的整体运行效率。

（1）传统工艺方法改进

对传统工艺方法进行改进，采用先进、绿色、高效工艺技术方法，提升产品的质量和可靠性，是提升产品加工装配效率的有效途径，举例如下。

在钣金产品、机加产品加工过程中，均涉及清洗工序。清洗方式是利用汽油手工擦洗，存在安全性差，对人身体伤害大，工作效率低，清洗质量不稳定的缺点，可采用超声波等自动化清洗技术替代手工擦洗。

在油气弹簧自动清洗装配单元中，通过对不同材质的成分对比分析，针对材料中的微量元素对于清洗工艺的影响，进行了不同特性的清洗剂选型、试验。通过使用超声波清洗技术，结合专用清洗设备，实现了一定时间内碳钢类零件不腐蚀。通过地面滑轨移动式六自由度机械人的应用，实现了零件的夹持、释放以及位姿调整。将清洗后的各类零件自动放置于对应支撑工装上，转运至下一工序，覆盖超声波清洗、漂洗、吹干等各工步，通过可编程逻辑控制器（PLC）程序控制，进行不停机连续工作，提升效率，降低劳动强度，如图3-10所示。

清洗子单元由超声波清洗机、漂洗机、吹干机、地轨机器人及专用料盘组成。机器人依次抓取各零件，放到对应的清洗机托盘中。机器人与生产线控制系统通信，发出工作指令，清洗机按设定的程序依次完成清洗、漂洗、吹干等工作。超声波清洗机示意图如图3-11所示。

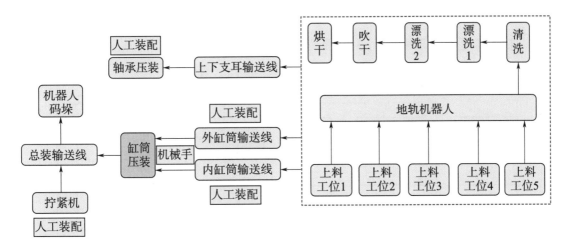

图 3 - 10　生产单元流程图

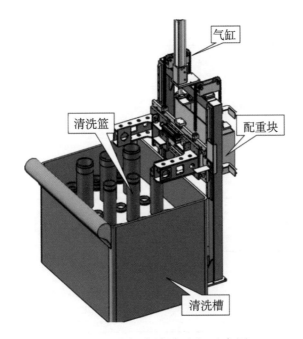

图 3 - 11　超声波清洗机示意图

清洗后的各零件，通过流转线，循环流转到部装工位，由操作人员在流转线上，完成密封件的安装、涂油及其他辅助工作。

（2）优化工艺流程

对成组产品典型制造工艺流程进行梳理分析，对工艺流程不合理、工艺链条长的产品，在保证产品质量的情况下进行流程优化和固化，缩短产品加工周期。与改进工艺方法相同，优化工艺流程也是提升产品加工和装配效率的有效途径，举例如下。

针对航天产品瓜瓣进行工艺流程优化，将原来 8 道工序（图 3 - 12）减为
4 道工序（图 3 - 13），使产品生产时间缩短了约 5 h。

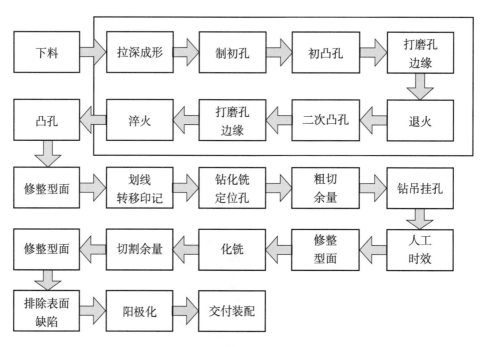

图 3 - 12　优化前工艺流程

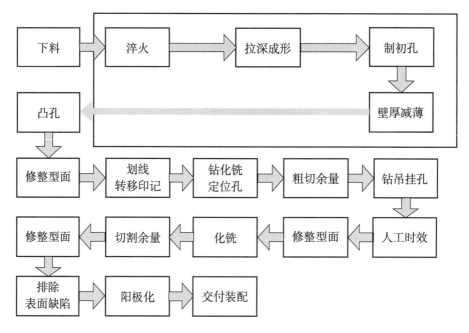

图 3 - 13　优化后工艺流程

某阀门壳体类零件侧面分布 3 个管嘴，原工艺流程在加工外形时安排了 6 道工序，如图 3-14 所示。原加工过程不仅需要多次装夹，其中的加工基准及尺寸也需要反复传递与换算，生产准备时间较长，占用的设备较多，产品外形加工需要经历如图 3-15 所示的中间毛坯。

图 3-14　某壳体工序图

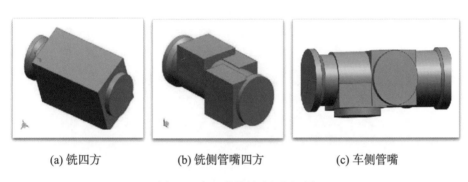

(a) 铣四方　　　　　(b) 铣侧管嘴四方　　　　　(c) 车侧管嘴

图 3-15　壳体中间毛坯图

结合制造单元的设备能力，对原工艺进行优化，采用四轴数控加工中心加工，将壳体外形加工缩减为 1 道工序，提高了产品加工效率。优化后的工艺流程如图 3-16 所示，上下轮廓加工仿真图如图 3-17 所示。

图 3-16　壳体优化后工序图

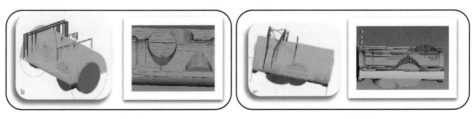

(a)上轮廓　　　　　　　　　　(b)下轮廓

图 3-17　上下轮廓加工仿真图

（3）优化加工路径

数控加工过程中，每道工序的加工路线确定都很重要，与工件的加工精度有关。优化加工路径的重点是减少加工路径中的空行程路线，包括刀具切入切出、移刀等非切削空行程。在保证加工质量的前提下，加工程序具有最短的进给路线的情况下，不仅可以节省整个加工过程的执行时间，还可以减少一些不必要的刀具磨损消耗及机床进给机构滑动部件的磨损。

例如，对某零件原有数控程序的加工路径进行优化，如图 3-18 所示，大幅减少提刀、移刀等多余动作，明显提升了效率。

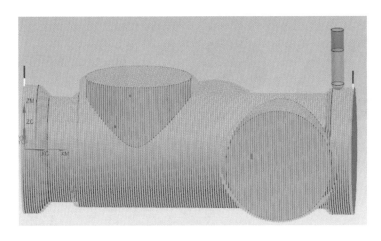

图 3-18　优化加工路径

（4）优化切削参数，采用高速切削，提高金属去除效率

机械加工的毛坯余量主要靠刀具层层去除，而切削速度直接决定了零件的加工效率。以前受加工设备、刀具、对刀设备及工装等条件的限制，很难选择准确的切削参数。现在各方面条件都在改善，应该更加关注准确的切削参数，对于提升加工效率有很大帮助。

以某壳体加工为例，该零件材料为锻铝，长度 402 mm，直径 ϕ160 mm，金属去除量约为 63%。传统切削中的主轴转速约为 3 000～5 000 r/min，线速度为 80～120 m/min，产品加工外形去除量需要时间较长。通过高速切削试验，优化切削参数，实现了主轴转速和线速度的大幅提升，零件加工效率得到大大提高。

（5）优化工艺方法，减少人工干预，提高操作效率

零件加工过程需要多次装夹，其中的加工基准及尺寸也需要反复传递与换算，生产准备时间较长，占用的设备较多。结合制造单元的设备能力，对原工艺进行优化，减少装夹次数，提高产品加工效率及产品一致性。

例如，采用离线装夹技术缩短装夹时间。实现离线装夹工作流程：一是先将标准模块固定在机床上；二是由操作者完成零件与离线夹具的装夹工作；三是将离线夹具与标准模块对接；四是触发锁紧接口，使离线夹具与标准模块锁紧，如图 3-19 所示。当采用两套离线夹具时，就可实现机床加工与零件装夹过程并行，当使用机械人完成离线夹具与标准模块对接，并触发锁紧接口时，就可实现装夹操作过程的无人化。这是传统工装的改进方向，在单元制造过程中要积极采用。

离线装夹夹具

固定于机床
上标准模块

图 3-19　零点夹具系统部件图（标准模块）

再例如，某舱体零件加工过程需要车外形、车内孔、平端面、切槽等工序，最少需要 3 种刀具。每道工序均需要加工内孔、端面与外圆，至少需要进行拆刀、装刀、对刀（径向、轴向）、测量、设置原点 6 次操作。通过工艺改进，采用组合刀具、配制特殊小刀夹，协调各刀尖的几何尺寸（避免干涉），将 3 种不同类型的刀具，一次性安装完毕，大大减少了换刀操作，再通过工艺协调统一工件原点，每道工序只进行一次对刀操作，减少人为操作次数，大大提高了加工效率。

3.3 制造资源规划

3.3.1 制造资源类型

制造资源包括的范围非常广泛，一般来说有人力资源、制造装备资源、物料资源、技术资源、应用系统资源等，而且不同的制造企业具有的制造资源各不相同。

对于制造单元来说，最主要和最直接的制造资源就是设备，而设备是制造装备资源很重要的一部分。设备涉及的范围广泛，除了一般常说的车铣刨磨等加工机床机械加工专业的设备，还有焊接设备、热表处理设备、钣金设备、运输设备、检测设备、存储设备、机器人等，几乎每一个工艺专业都有自己的专属设备，除此之外还有大量的通用设备。另外，有些工装也归类为设备，如一些复杂的装夹工装、装配工装等。许多生产必需的配套用具也属于制造装备范畴，如工作台、模具、胎具、吊具、物流器具等，还有刀具、量具、夹具、辅具等，甚至还包括桌椅、储物箱柜、防护用具等。

所以，制造装备的选择、配置和管理以及装备自身的技术水平对制造单元的运行效率影响非常大。

以下是航天制造单元中常见的制造装备或者设备。

（1）加工/装配装备

传统的车床、铣床、刨床、磨床、线切割机床、电火花机床等是最普遍、最常见的加工装备。随着技术的进步，数控设备逐渐增多，如数控车床、数控铣加工中心、车铣复合加工中心、精密坐标镗等。制造单元大量使用数控设备可以明显提高零件加工的效率、质量和产品一致性。除了机械加工专业之外，其他专业要积极采用数控设备代替传统设备，如钣金专业用数控冲床取代传统的手动冲床，用数控折弯机取代手工折弯机等。此外，焊接、锻铸造、热表处理等专业也实现了自动化设备的应用，在建设制造单元时要优先考虑自动化设备的使用。

在装配单元内大量采用数字化工装和机器人也是提升装配效率的有效途径。

（2）检测/测量设备

在航天制造单元中，质量检测是非常关键的环节。各种装备和工具用于检测和测量各种物理和化学性质、零部件的尺寸和表面形貌，以确保产品符合设计要求。如用 X 射线检测装备检测金属零件的质量，用电子显微镜检测微小缺陷和裂纹。

在单元建设中，要积极应用自动化检测和监测设备来实现对产品智能检测、质量检测和设备状态监测、环境参数监测、系统故障预诊断等。

（3）自动化物料运输设备

在单元内充分引入自动上下料机器人、自动导引运输车、自动托盘、自动化立体仓库等设备。建立自动化刀具工装管理系统，实现刀具工装的自动存放。根据线边物料需求或生产计划，实现刀具工装的入库、出库、使用与报废管理。

（4）自动化数据采集设备

自动化数据采集设备包括射频识别（Radio Frequency Identification，RFID）设备、扫描枪、图像/视频采集装置、激光打标机、终端设备、传感器设备、多媒体记录设备、视觉检测设备、光学字符识别（Optical Character Recognition，OCR）设备等。

（5）数字化工具/量具等

在单元内可以大量采用数字化工具，实现产品加工及装配过程的半自动作业及过程质量数据的自动采集，如自动扭矩枪、扭矩扳手、拧紧轴、脉冲工具、压铆工具、打磨机、磨砂机、抛光机等。

单元内还应大量采用数字化量具，实现产品检测过程质量数据的自动回传，如扭矩测试仪、温度传感器、湿度传感器、万用表、高阻表、微欧计、流量计、火工品测试仪、数显卡尺、数显深度尺、数显高度尺等。

在实际生产中，积极采用自动化/数字化设备，在提升制造单元生产效率的同时应考虑经济性，选取适合的装备。对于贵、大、精、稀特种装备，可以根据情况编入或不编入某个制造单元，也可以编入多个制造单元，但是要建立灵活的管理机制以方便多单元协同工作。

3.3.2 制造资源配置

在制造单元内配置设备主要考虑的因素有：生产日历时间、生产纲领、加工工艺、生产批量、批量转换时间、单件实际加工时间、故障率信息等。假设某台设备加工 n 种产品，每种产品的年需求量为 $Q_i(i=1, 2, \cdots, n)$，每种产品的核定生产批量为 q_i，对应的批量转换时间为 St_i，每种产品的单件加工时间（含装卸工件时间）为 Mt_i，则将批量转换时间折算到单件产品的实际加工时间为

$$At_i = Mt_i + St_i/q_i \tag{3-6}$$

进一步假设日历工作时间为 D，班制为 n_s，每班工作时间为 8 h，则设备年台时基数为 $D \times n_s \times 8$，则所需的理论设备数量为

$$M_t = \frac{\sum_{i=1}^{n} Q_i \times At_i}{D \times n_s \times 8} \tag{3-7}$$

式中　M_t ——理论的设备台数。

考虑到设备不可能做到满负荷加工，在台时基础上，需要扣除预防维修、故障维修等所需时间，假定设备的负荷率为 φ，则实际的设备台数为

$$M_a = \frac{M_t}{\varphi} \tag{3-8}$$

式中　M_a ——实际的设备台数。

在工艺设计中，计算实际设备台数时，还常采用设备不平衡系数 k（或储备系数），对式（3-8）的计算结果进行进一步修正，考虑储备系数所得到的修正后的设备台数为

$$M_k = k \times M_a \tag{3-9}$$

式中　M_k ——修正后的设备台数。

例 3-1　某机床加工 5 种产品，5 种产品的年需求量、生产批量、批量转换时间、单件加工时间见表 3-7，该机床设备采用单班制，负荷率为 95%，

修正的储备系数为 $k=1.1$，年日历工作时间为 250 天。则该机床总的年负荷量为 4 932 h。此时，理论的设备台数为：4 932/（250×8）＝2.466 台。考虑负荷率及修正后的台数为：1.1×2.466/0.95＝2.855≈3 台。

表 3 - 7　5 种产品的年需求量和加工时间等数据

产品	年需求量/件	生产批量/件	批量转换时间/h	单件加工时间/h	考虑转换时间的实际单件加工工时/h	总负荷/h
1	500	50	2	1.2	1.24	620
2	450	100	2	1.5	1.52	684
3	400	50	3	1	1.06	424
4	500	50	1	2.5	2.52	1 260
5	600	50	2	3.2	3.24	1 944

如果计算出来的设备台数比 3 台大一点，如 3.1 台、3.2 台，且设备又较昂贵，则尽可能取整，不足的能力通过适当加班、优化转换时间、优化工艺等手段达成。

对于部分加工设备自动化程度较高，有时又需要考虑一人多机的情况，则在进行设备资源配置数量确定过程中，希望机器设备的净作业周期时间小于生产节拍的 80%。

航天产品通常是品种非常多、批量非常小的生产单元，对于设备的配置，其关键是如何获得相对准确的加工工时，这就需要平时进行工时的统计，来获得相对精确的、实际的加工工时，而非预算工时。考虑到航天产品加工工艺复杂，设备加工的时间都较长，且加工过程中的不确定性较大，所以可适当放大修正的储备系数，以保证充分的加工能力。

对于检验检测设备而言，其计算过程相同，不同的是要统计实际检验检测的工时数据，而对于起重运输类的设备，如行车、叉车、液压板车等设备，则需要统计搬运次数，根据搬运距离确定的搬运时间等获取设备的负荷时间。

当然，由于设备种类和用途差异太大，上述计算过程应该根据具体情况参考使用。

3.4　制造单元布局

3.4.1　单元布局规划

制造单元规划过程中需要考虑的因素有很多，如单元划分过程中的异常元素（即部分工序需要在所属单元之外加工的零件）最少，单元间运输成本最小，各单元负荷均衡率最高，设备利用率最大等。这些目标通常难以兼顾，因此在单元构建时要进行权衡加以取舍。下面针对单元工艺布局规划过程中的若干问题进行阐述。

（1）单元分组数与单元规模的确定

为进行零件族和设备组的聚类分析，在计算初始化时需要给定分组数（也称聚类数）。分组数初值不仅影响聚类算法的发挥，同时也影响划分后各单元的规模，继而影响后续的布局和排产。定性地看，单元分组数的大小对单元制造系统的影响如图 3 - 20 所示。

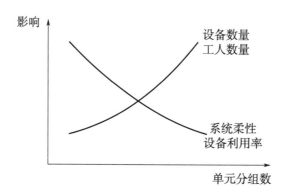

图 3 - 20　单元分组数对系统的影响

选择不同的单元分组数会有不同的单元构建结果。单元分组数和单元内机床、零件数量的不同会产生不同的单元内和单元间物流量，从而影响优化结果。

若单元覆盖范围过大，可以有效避免跨单元的异常零件，但单元内设备台数和零件族数量均较大，在形式上更贴近传统机群式制造，因而也将带来机群式制造的缺点。例如，在制品搬运距离长，有回流和交叉，单元内运输成本高；在制品数量大、生产周期长；单元间距离过大等。同时，单元覆盖范围过大将增大生产计划和控制的复杂性，不利于人员配置和管理。

若单元覆盖范围过小，则单元内设备台数和零件族数量均较小（极端的情况是一个单元只生产一个产品族），在形式上更贴近产品线制造，因而也将带来产品线制造的缺点。例如，为尽量减少跨单元生产，需增加设备数量，导致设备利用率降低；制造系统柔性差，对需求变化设备故障等反应慢；工人被固化到某一特定岗位，不符合多能工的思想等。

因此，在单元建设过程中应综合各种因素，选择合适的单元覆盖范围。

（2）公用设备的分组与定位问题

一般地，单元制造系统的设计目标是使单元间的物流量最小，因此制造系统中各单元通常都是独立、完备的。但为了提高设备利用率，单元的某些设备可以由多个零件族共用，这些设备称为公用设备。公用设备在单元布局中的配置和定位极大地影响单元间物流量的大小、生产排程和生产组织管理。公用设备的种类和数量随着单元构建方案而异，由于单元构建的目标是使跨单元操作的工作量最小，因此，公用设备应归属于相互关联程度最紧密的一个或若干个制造单元，在实际操作中，通常定量地用公用设备与单元之间的搬运物流量权衡相互关联的紧密程度。

公用设备的数量配置，则主要取决于设备利用率和设备类型。一般地，可以根据总任务工时按照一定的设备静态利用率配置设备数量，计算公式如下

$$设备数量 = \frac{年总任务工时(h)}{年工作日(d) \times 日工作时间(h)} \qquad (3-10)$$

如某五轴加工中心，年总任务工时为 8 790 h，年工作 250 d，每日工作 8 h，计算得出需要配备的设备数为 8 790/(250×8)＝4.395≈5 台 。

若公用设备是价位较低的普通设备，为减少跨单元物流，简化生产调度排程，可适当在相关度较高的若干单元均配置该设备，如 3 个单元对某小型精密车床的需求分别为 1.5 台、1.4 台、1.6 台，则可以分别配置 2 台、2 台、2 台，共计 6 台。若公用设备为价格高昂的数控设备或超大型设备，则可通过增加每日工作时间（采用两班制或节假日加班）来满足工作任务，严格控制设备

数量为最小，如 3 个单元对某进口大型液压成形设备的需求分别为 1.5 台、1.6 台、1.4 台，则总计需要配置（4.5≈）5 台，可以通过采用两班制或节假日加班，提高该设备静态利用率，将设备数量减至 2 台甚至 1 台。

特别地，若公用设备对环境有特殊要求，如某些精密设备要求隔绝振动、冲击，且没有粉尘，远离热流，此时零件搬运工作量不再是首要考虑因素，应该在生产现场设置专用区域，保障机床在所需的环境下工作。

（3）制造单元检验环节的设置

航天产品的一大特点是质量要求极高，生产过程中废品率也较高。根据现有的生产经验，车间通常在生产现场设置检验岗位和检验区域，由专人在专门空间负责全车间各类在制品工序间检验及零件成品最终检验。这一做法通常会引发在制品在检验区域的大量堆积，形成大量浪费，而检验则成为制约全车间生产的瓶颈环节。

单元制造，本着分而治之的观念，将传统的检验岗位分散到各个单元中，并培养单元操作工在工序中自检、互检的能力。在制品在某台设备上完成加工后，由本单元操作工现场进行尺寸、精度等指标的检测，即可投入下一道工序进行加工。如此将检验工作分解，仅保留特殊项目的集中检验区域（如 X 射线探伤、超声波探伤等），不仅可以缩短产品生产周期，而且可以有效减少在制品堆积数量。

（4）例外元素

在一般的"设备—零件"矩阵内，设备/零件的属性互斥，即一台设备只能隶属于一个设备组，一个零件也只能对应一个零件族。某些情况下，为提高机器产能利用率，突破传统互斥的假设条件，采用一台设备可以属于多个设备组（即公用设备）、一个零件对应多个零件族（即例外零件）的假设。例外零件的产生，是设备因产能限制而不能同时加工所有的工序，或是零件的工艺流程顺序需要经过数个设备组的加工所导致的。针对产能不足（即存在瓶颈设备）的情况，可增加设备数以放宽产能限制条件，也可以将例外零件的制造采用外包加以消除。

（5）单元形式的变形

成组单元的形式对单元工艺布局规划方案有很大影响，主要体现在单元内物流流线形式，以及缓冲、周转区的设置和工作人员的安排。例如，直线型单元在布局时应将设备按单元内零件族的通用加工流程在单元内依次排布，设备操作面方向尽量保持一致，以方便设备上下料，同时兼顾美观考虑，单元的毛坯存储区和成品周转区则分布在直线型单元的两端。而 U 型单元在布局时，设备则按加工流程在单元内按 U 型排布，设备操作面原则上均在 U 型的内侧，方便一人同时操作多台设备，单元的毛坯存储区和成品周转区则分布在 U 型的两个端口，在物理位置上相互紧邻，在某些情况下，毛坯区和成品区可合并位于 U 型的一端，以地面标识线加以分割。

关于单元布置，还有一些问题值得探讨。例如，单元布置考虑滚动、动态调整的形式，单元布局时考虑重复设备的问题，考虑设备可用度的限制条件，或者在单元布局时能够充分考虑未来制造负荷的动态变化等。

3.4.2　单元布局形式

单元布局是将机床、工作站等设备合理地布置在各个制造单元内的过程。在单元内开展布局规划时，应考虑以下要求：

1）直线型流动，产品从原料到成品的流动过程应是直线形的流动；

2）回流最少，重复检验的产品数量应最少；

3）物料摆放与储存有序，不会在寻找物品上浪费时间；

4）物料搬运路径最短，可以节约劳动力成本和时间。

在实际单元布局规划中，制造单元受设备外形及厂房结构影响，多体现为以下几种形式。当生产现场由于柱距、跨度、物流门位置、立体库设置、设备大小及特殊工作环境约束所限时，可在几种单元形式基础上灵活变形。

（1）直线型生产单元

将生产设备一字摆开，常见于跨距较窄的生产现场。同传统生产现场布局不同的是，直线型单元改变了按设备类型排列的机群式布局，按照产品加工顺序排列生产设备，避免孤岛设备的出现，尽可能使设备的布置流水线化，减少物料在直线型单元内的逆流。如某产品加工路径为 A→B→C，按图3-21 所示形成两个直线型生产单元，分别完成产品的加工，使得单元内部几乎没有逆流的出现。

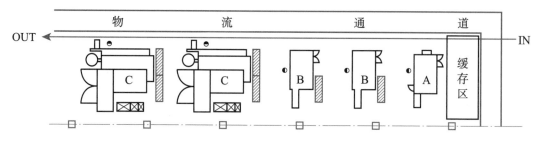

图 3-21 某直线型机械加工单元

（2）U 型生产单元

由于生产过程中，难以避免某种零件需要在若干道工序间反复进行（如某型支座的加工过程中包括车削和铣削的若干次反复），采用直线型不能有效地减少物料逆流。因此可将生产设备按照 U 字型排列，如图 3-22 所示，从物料入口到出口形成一个完整的 U 型，可大量减少由于不同工序之间传递而造成的移动，减少时间和搬运的浪费，提高生产效率。在航天企业实际生产过程中，U 型单元内部可能有若干台同型设备，这些设备可在单元中分散摆放，也可以在 U 型单元中形成局部的机群布局。

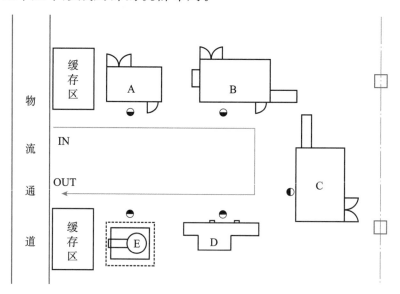

图 3-22 某 U 型机械加工单元

（3）U 型生产单元的变形

在实际布局中，有时由于车间跨距、长度以及面积等条件的约束，单元的面积超出了某个局部区域。此时，超出的部分需要放在临近的区域，形成另一个 U 型单元，产生了 U 型单元的几种变形，如 O 型和 S 型生产单元，如图 3-23 和图 3-24 所示。有时因为航天产品的需求发生变化，需要对多个单元进行人力资源的动态配置调整，此时，单个设备的物理布局位置保持不变，而改变设备和人员的配置组合，也会形成 S 型的设备布局形式。

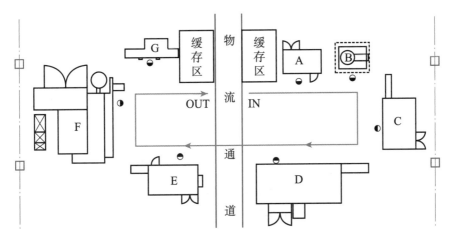

图 3-23　U 型机械加工单元的变形（O 型）

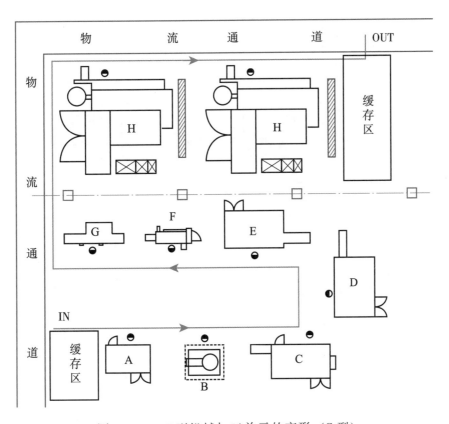

图 3-24　U 型机械加工单元的变形（S 型）

变形后的 U 型单元布局在生产管理中比原始 U 型略为复杂，不仅要注意区分各个 U 型单元进料、出料缓冲区，还要保证明确的物流线路。

（4）L 型生产单元

L 型生产单元有以下两种情况：

一种是单元整体为一个 L 型，这种情况通常针对某些规模较小的成组单元，如只有 2～3 台设备的小型单元。如果设备自动化程度较高，加工零件的准备时间较短，则可以一人完成该单元的生产任务。如果设备自动化程度较低，同时产品又为多品种小批量生产，需要频繁切换，可酌情增加操作工，甚至采取一人一机的模式。

另一种是在某些 U 型、O 型、S 型以及直线型生产单元的布局形式中，极有可能单元内的设备外形大小不一，为提高生产现场空间利用率，可以适当调整设备布局方向，形成局部的 L 型生产单元，如图 3 - 25 所示。大型设备侧向对着通道时，较小的设备在空间允许的情况下可以面对面地放置 2 排，并根据

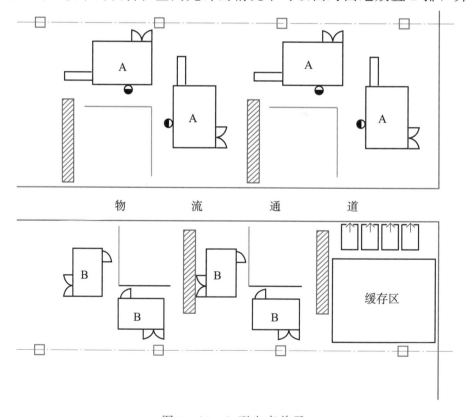

图 3 - 25　L 型生产单元

设备自动加工时间与手工作业时间的比值，适当选择一人一机或是一人两机。如果生产现场空间放 1 台小型设备太空旷，而对面摆放 2 台设备太拥挤，则可以考虑按照 L 型的方式布局，如此不仅能充分利用设备间的空余地段，而且有利于实现一人多机。

在直线型、U 型、L 型等的基础上，还可以通过组合衍生出更为复杂的单元形态，这在航天产品的生产过程中不多见，此处不做赘述。

3.4.3　单元布局过程

为了使生产过程中的物料流转更加合理，在划分制造单元之后，需要对制造单元的设备进行合理的布局。一般而言，设备布局可以考虑以下原则。

1）总体优化原则：设备布局应该有最佳的综合效果，使设备、人员及工件等在生产活动中能配合密切、协调一致。

2）最短距离原则：工人和工件在加工过程中移动距离应该最短。

3）安全原则：应使操作者有安全感。根据机床类型，机床间应该有足够的间距和必要的防护安全装置。

4）立体原则：不仅考虑有效利用地面，而且要充分地利用空间。

5）适应性原则：能适应产品的变换，当需要调整设备布局时，应使设备调整布置费用最少。

以某零件为例来介绍单元布局过程，产品工艺路径为：车→铣→钳，其加工工时分别为 288.75 min、510 min 和 141.74 min。具体工序数据见表 3-8，对该单元进行工艺布局规划分析。

表 3-8　某零件加工工序

工序内容	设备型号	工时/min	每天每台生产零件数	设备数量	每天生产零件数
车	GTC350160	288.75	4	4	16
铣	LG5030	510	2.5	6	15
钳	Z3080	141.74	7.5	2	15

（1）首先要对设备的配置台数进行计算

生产节拍为每个工作日可用工时除以每日生产需求，每个工作日可用工时为 21 h，每日生产需求为 15 件，则可以计算得到生产节拍为：$21 \times 60/15 = 84$ min/件。由此可以得到各设备台数分别为

车床：$288.75/84 \approx 3.4375 \approx 4$ 台；

铣床：$510/84 \approx 6.071$，取 6 台，能力不足通过技术和管理方法改进弥补；

钳床：$141.74/84 \approx 1.6874 \approx 2$ 台。

（2）确定工艺布局形式

在单元内部布局时，可以按工艺原则布置形成机群，可以按产品原则布置形成产品线，也可以按成组单元布置形成两个子单元，共有如图 3-26 所示的三种布局方案。

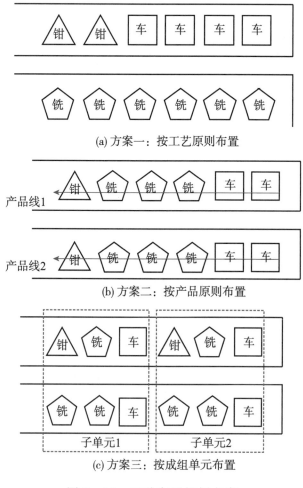

(a) 方案一：按工艺原则布置

(b) 方案二：按产品原则布置

(c) 方案三：按成组单元布置

图 3-26　三种布局规划方案

方案一和方案二均是在单元中按照机群的形式布局，优点是很好地利用了单元内部的通道，使得设备和设备之间是操作面对操作面，避免了传统机群布局的来回流动。方案三是在单元内部继续细分为产品区域，考虑到三种设备的配置是 4 : 6 : 2，故分成两个加工区域，设备分别为 2 : 3 : 1，这样物料和半成品只要在每个区域流动即可。考虑到这三种设备投影面积都很大，如果按照方案一或方案二，物流距离仍然很长。故本方案采用方案三的布局形式，在大的单元制造系统中构建了 2 个小的加工单元，显著降低了物流强度。因为细分了 2 个小的生产区域，在缓冲区的设置上也相应进行了调整，即将来料配送到每个小单元的来料缓冲区，加工过程中尽可能以一个流的思想进行流转，最终成品置于加工区域的末端，等待转运。

作业平衡率为：（144.4＋170＋141.74）/3/170≈89.4%，如图 3 - 27 所示。

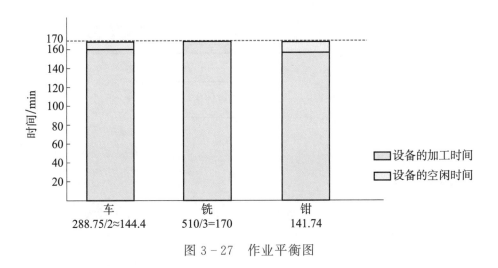

图 3 - 27　作业平衡图

3.4.4　单元布局与运行验证

建立单元制造系统仿真模型，综合考虑产品工艺流程、生产资源等信息，对生产系统的布局、生产计划、作业调度、物料配送、节拍与产能、瓶颈环节进行分析，验证单元布局的科学性和合理性，计划调度的可操作性，评估生产能力，平衡设备利用率，解决瓶颈问题，为单元布局规划、资源配置、调度计划提供科学依据。

（1）基本建模过程

以离散时间建模的仿真软件为基础，针对所要研究的系统对象及所需要解决的问题进行系统的数学建模，在仿真结果的基础上进行系统优化，流程如图3－28所示。

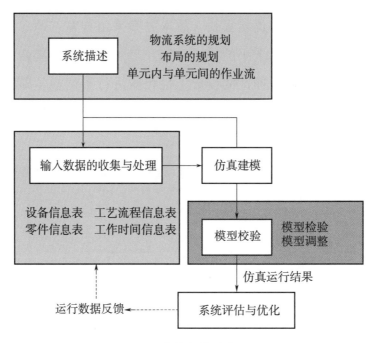

图 3 - 28　建模与仿真优化流程

①系统描述

系统地描述物流规划、布局规划、单元内与单元间的作业流等。

②输入数据的收集与处理

仿真目标不同，所建立的模型也不同，为建立模型所采集的数据也不同。因此，需要根据仿真目标，收集相应的数据。仿真需要的输入数据集主要包括但不限于零件信息表、工艺流程信息表和设备信息表等。

③仿真建模

根据不同的问题选择适当的仿真软件建立仿真模型。在仿真建模之前，首先需要构建生产计划与调度的模块，确定各个型号的产品的投产顺序，投产顺序可以基于如最短作业时间、最快交货期、紧急订单等调度的规则来进行优化分析。在此基础上，构建仿真图。某软件的加工和装配仿真模型如图 3 - 29 所示。

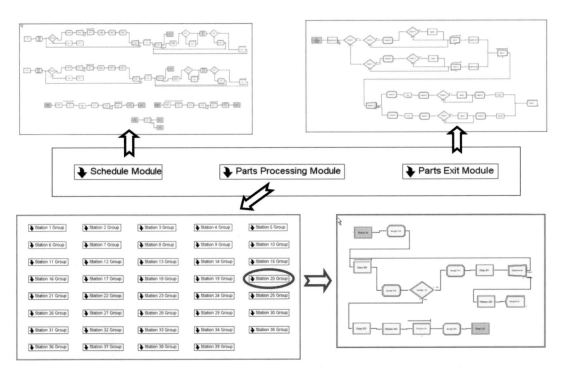

图 3 - 29　某软件的加工和装配仿真模型

④模型校验

建立模型的过程，是一个抽象和简化的过程。为了保证所建模型符合真实系统，应该对模型进行检查、修改，直至模型接近真实情况为止。在软件上搭建出模型，设置预期的模型参数，运行仿真模型，而后运行得到输出数据集，通过对输出结果的分析，验证模型的准确性，对模型不足之处予以修改完善。对模型进行校验，例如，输出详细报告并追踪记录以检查是否符合预期，或者跟踪某一零件在系统中运行以查看其逻辑和数据是否正确。通过结果分析，对系统进行评估；通过调整参数，优化系统。

⑤系统评估与优化

对以单元为核心的产品生产系统进行仿真建模，可以得到设备能力利用率、各工位状态比例百分比堆积图、平均生产周期等输出结果，如图 3 - 30 所示。在此基础上，对方案可能涉及的局部调整进行仿真建模分析，并根据上述关键指标，对局部调整的方案进行优化分析。

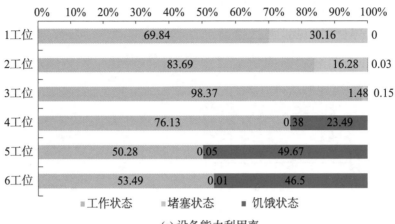

(a) 设备能力利用率

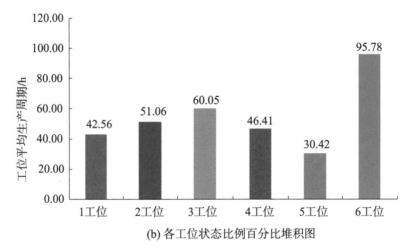

(b) 各工位状态比例百分比堆积图

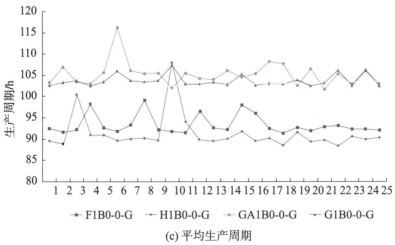

(c) 平均生产周期

图 3 - 30　基于主要评价指标的方案优化

（2）建模实例

①泵阀机加单元建模与工艺流程仿真

为了使泵阀机加单元展示得更加直观，建立其三维模型。由于数控设备几何特征较为复杂，并且不易测量，因此通过拍摄加工设备照片进行逆向建模，主要从 3 个方面对各个加工设备进行三维建模：1）几何特征建模；2）设备外观着色建模；3）设备外观贴图建模。数控机床最终建模效果如图 3 - 31 所示。

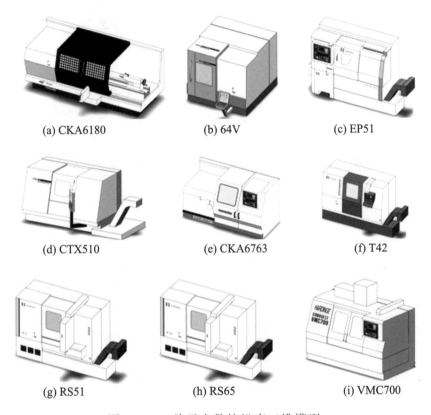

(a) CKA6180　　　　　　(b) 64V　　　　　　(c) EP51

(d) CTX510　　　　　　(e) CKA6763　　　　　　(f) T42

(g) RS51　　　　　　(h) RS65　　　　　　(i) VMC700

图 3 - 31　单元内数控机床三维模型

为了更直观地反映出泵阀机加单元的状况，将平面布局转换成三维布局。根据各个设备的空间位置关系，对单元布局进行建模，所得到的模型如图 3 - 32 所示。

利用工艺流程仿真软件对泵阀零件工艺流程进行仿真。某典型阀体的工艺流程与所用数控设备见表 3 - 9。

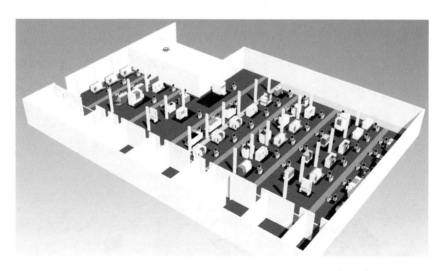

图 3－32　制造单元三维布局示意图

表 3－9　某阀体工艺流程与所用数控设备

工序	名称	时间/min	设备名称	型号	工序	名称	时间/min	设备名称	型号
1	检验	10			17	清洗	10		
2	粗车	20	数控车床	RS65	18	刻字	5		
3	粗车	20	数控车床	TNA400	19	精车左端	35	数控车床	TNA400
4	车工	15	数控车床	TNA400	20	精车右端	35	数控车床	TNA400
5	划线	10			21	车工	35	数控车床	TNA400
6	粗铣	70	数控加工中心	P95	22	钳工	15		
7	钳工	15			23	钳工	15		
8	铣外形	110	数控加工中心	XR1000	24	清洗	10		
9	钳工	15			25	液压试验	20		
10	清洗	10			26	清洗	10		
11	车上管嘴	30	数控车床	RS65	27	检验	10		
12	车下管嘴	30	数控车床	TNA400	28	表面处理	20		
13	车侧管嘴	30	数控车床	RS65	29	检验	15		
14	钳工	10			30	抛光	20	数控车床	TNA400
15	攻螺纹	20	数控加工中心	P95	31	清洗	10		
16	攻螺纹	20	数控加工中心	P95	32	检验	60		

根据某阀体的工艺信息建立其三维仿真模型，并将三维模型库中各个对应

设备的模型导入，得到阀体的原始工艺流程仿真模型如图 3 - 33 所示。单元中设备采用的是 U 型布局，为便于对零件生产过程中的节拍与平衡性进行分析，将所有用到的设备按照直线型布置。此时，只仿真分析一件产品的工艺流程，默认所有设备皆是空闲可用的。某台设备用到两次时，会将该设备数量设为 2 台。

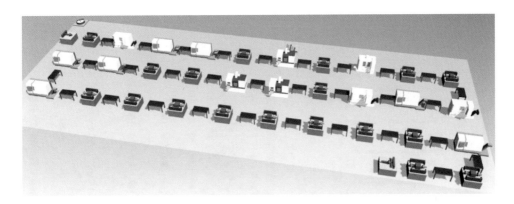

图 3 - 33　某阀门产品原始工艺流程的三维仿真模型

由图 3 - 34 可以看出，某阀体工艺流程中阻塞和等待时间占比较大，各个工序时长很不均匀，反映出某阀体原有工艺流程在生产安排方面存在问题，需对其采取工序同期化措施，对其工序进行合理的分解与合并，对生产节拍进行平衡改善。

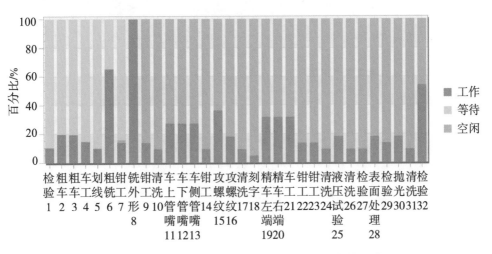

图 3 - 34　某阀体产品原始工艺的各工序使用率

②氢氧发动机装配单元能力分析

为更好地指导装配单元实施方案，基于仿真工具软件模拟装配单元实施前后的装配能力变化和人员利用率变化情况，具体过程如下。

（a）根据输入条件建立模型

输入的仿真条件包括工艺过程、工位设置、人员配备和操作工时。分别建立单元实施前后的装配过程模型，如图 3 - 35 所示。

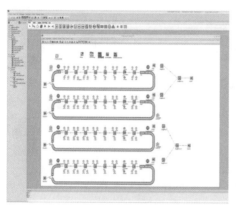
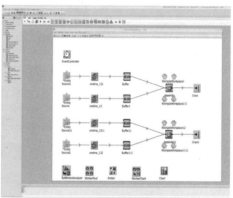

(a) 实施前　　　　　　　　　　　　(b) 实施后

图 3 - 35　单元化实施前后的仿真模型

将每一个单机装配工位（型架）按照装配子单元的内容分解，如图 3 - 36 所示，输入各子单元所需的人员需求和装配时间，如图 3 - 37 和图 3 - 38 所示。

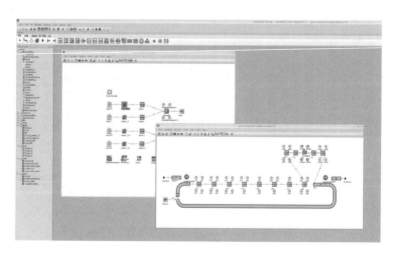

图 3 - 36　装配子单元的工作内容

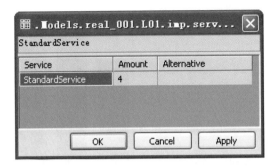

图 3-37　单元内人员需求

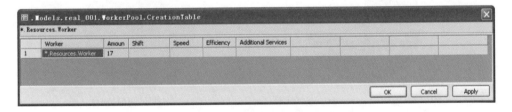

图 3-38　各子单元所需装配时间

其中每个子单元所需的人员从人力资源库（图 3-39）中按照人员层次和岗位需求选取。

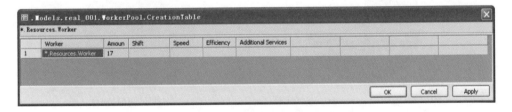

图 3-39　可用的人力资源库

（b）运行仿真模型与结果分析

设定运行时间为一年，按 330 个工作日（每周加一天班）计算，分别对装配单元实施前后的年产能进行仿真，其结果对比如图 3-40 所示。

仿真结果显示，串行模式下单机工位每年可组装单机 13 台，双机工位可

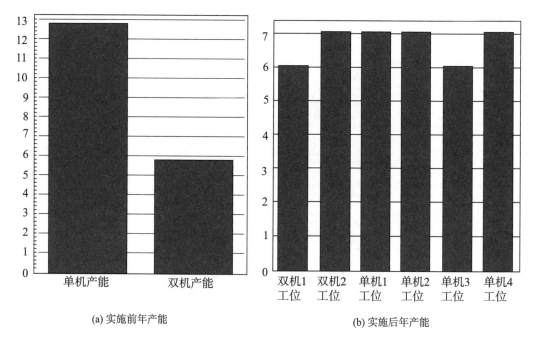

(a) 实施前年产能　　　　　　　　　　　　(b) 实施后年产能

图 3-40　实施前后的年产能对比

组装双机 6 台；装配单元实施后单机工位共可组装单机 27 台，双机工位可组装双机 13 台，改进效果明显。

对比装配单元实施前后的人员利用率，单元实施前人员利用率 70.8%，单元实施后为 93.9%，如图 3-41 所示。

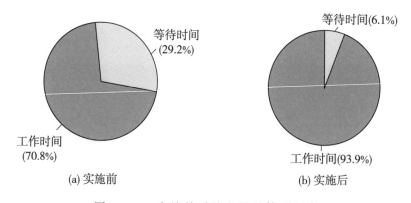

(a) 实施前　　　　　　　　　　　　　　(b) 实施后

图 3-41　实施前后的人员总体利用率

对比实施前后的装配能力，如图 3-42 所示。

从仿真结果可以看出，装配单元的实施显著提高了装配人员的利用率，并使装配产能提高到原来的 2 倍，因此可以开展单元的构建实施。

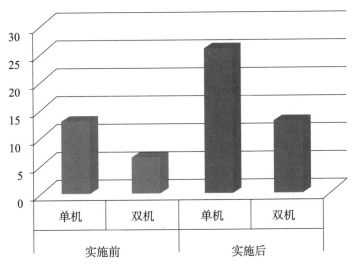

图 3 - 42　实施前后的装配能力对比

③制造单元间物流仿真分析

以某航天制造企业的数字化集成制造生产线为应用实例，生产线包括机加、装配、焊接三个制造单元，同时包括升降库、立体库、自动导引车、授货台等自动化仓储及物流管理系统，通过制造执行系统及产品物料编码对生产任务的执行过程进行全生命周期的追溯和管理，实现智能化、一体化和有序化。具体的布局模型如图 3 - 43 所示。

自动化仓储及物流管理系统应用之后，对生产线物流从工艺流程角度进行了定性分析。将不同作业单位关系强度分为 5 个不同等级，该等级关系是从物流和管理的角度出发确定的，此处仅考虑加工现场的作业单位分类，各作业单位间关系分级情况见表 3 - 10。

表 3 - 10　作业单位间关系分级

相互关系等级	符号	物流路线比例/%	承担物流量比例/%
绝对必要	A	5	40
特别重要	E	10	30
重要	I	15	20
一般重要	O	20	10
可忽略	U	—	—

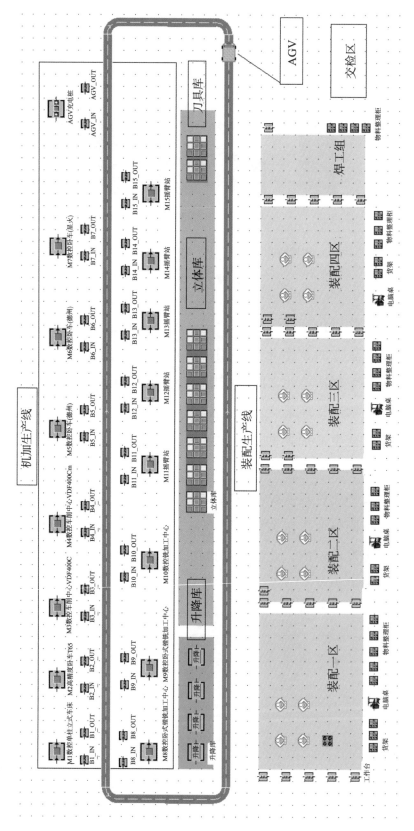

图 3 - 43 某航天制造企业生产线布局模型

对各作业单位间的物流强度大小进行排序，同时从工作流程、管理方便、人员联系等一系列非物流角度考虑，划分相关关系强度等级，并绘制作业单位相关图如图 3-44 所示。

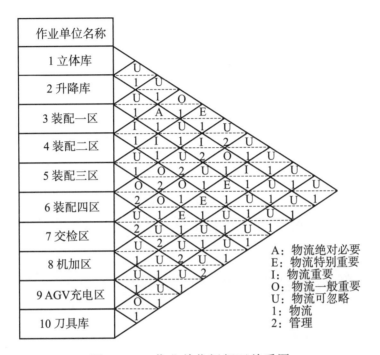

图 3-44　作业单位间相互关系图

从分析结果可以看出，生产线中的重要物流主要发生于立体库、升降库、装配一区、装配二区、装配三区及机加区之间。立体库、升降库在物理位置上介于装配区与机加区之间，通过库的南北出入口实现贯通。

该生产线内的产品由于体积和重量均较大，在自动化仓储物流管理系统应用之前，产品运输需通过吊车进行人工吊运。单件产品从装配一区运输至机加区的平均吊运时间约为 20 min，至少需 2 名工人完成操作。同时，吊运过程中涉及吊带安装与拆卸、多人操作、吊车路线冲突等问题，大大降低了产品生产节拍。自动化仓储物流管理系统应用之后，该类产品的运输均可通过自动导引车、托盘和送货台完成自动化配送，装配一区至机加区的平均运送时间可缩至 2.6 min，效率提高 87%。对自动化仓储物流管理系统实施前后生产线中的重要物流路线进行了对比，结果如图 3-45 所示，结果表明，运送效率大大提高。

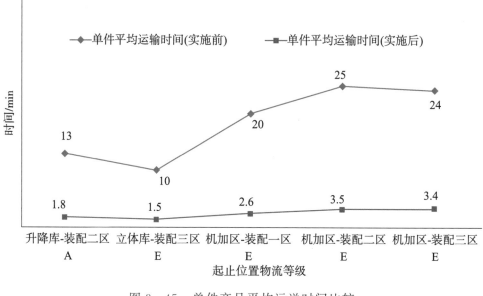

图 3-45　单件产品平均运送时间比较

3.5　制造单元信息系统构建

航天制造单元信息系统是基于数字化建设的总体目标，按照国家标准进行设计规划，系统总体功能架构如图 3-46 所示，建设基于工业物联网平台的数据采集和过程控制功能，集成制造执行系统，实现信息技术（IT）与运营技术（OT）的深度融合与数据赋能。

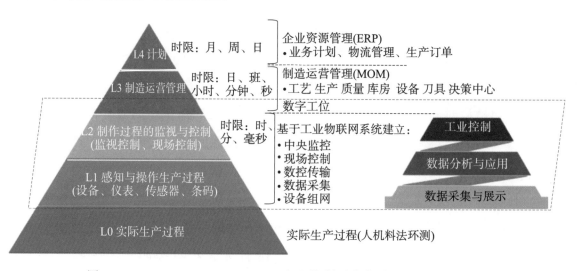

图 3-46　ISA-95、GB 20720《企业控制系统集成》功能层次模型

整体设计思路按照自下而上进行，主要分为两大部分。一是基于现场感知和过程监视控制进行工业物联网平台建设，通过网关组网、程序管理、数据采集、产线控制和中央控制功能模块的搭建，实现生产单元控制系统建设；二是根据业务管理模型，集成工艺管理系统和制造执行系统，建立涵盖工艺管理、生产管理、产出信息、质检信息、呼叫记录、设备管理、刀具管理、操作日志、生产看板、基础数据的数字工位模块，实现制造运营管理在边缘侧的应用；通过管理数据和现场数据的深度融合，为企业管理提供数据决策支撑，实现数据赋能制造。

制造单元的信息系统建设要与企业整体的信息化框架结合起来。信息化框架共分为如下四个层级，如图 3－47 所示。

（1）单元层

建设工艺设计系统，向单元管理信息系统提供工艺指令和质量记录要求，根据实际加工、检验数据，结合工艺规程文件生成工艺质量一体化数据包，并记录归档。建设工艺仿真系统，对工艺设计过程进行仿真验证。构建单元管理信息系统，实现对系统管理、任务管理、质量管理、制造资源管理、物料管理、工时管理等生产过程各环节及要素的精细化管控。

（2）工控层

建立工业物联网系统，实现设备组网、数据采集、数控传输、现场控制、中央监控功能，支撑生产业务层人、机、料、法、环、测各要素的数据连接、数据感知、数据采集、数据传输、数据存储以及制造过程控制。

（3）设备层

设备层是数字化制造单元的物理基础，采用可编程控制器、机械臂、自动导引车、传感器等组成的自动化设备与相关设施，实现生产过程的精准化执行。

（4）网络层

建设现场工业控制网络，实现工业控制网络与上层国密网的安全连接。

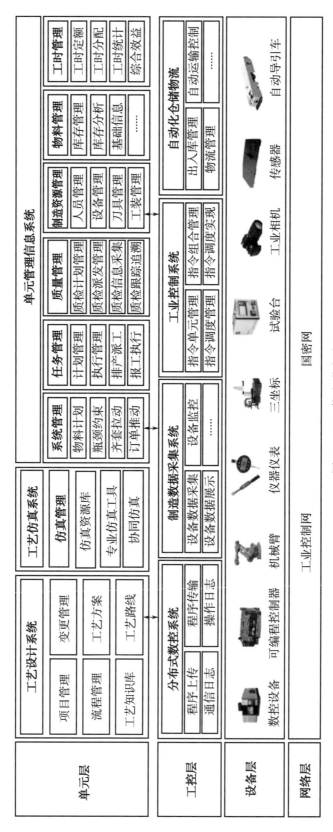

图 3 - 47　信息化框架

3.5.1　单元层信息系统构建

3.5.1.1　工艺设计系统

航天产品工艺设计系统以产品数据管理平台为基础，通过制定产品工艺方案，划定产品工艺路线，编制工艺设计文件，编制/输出三维工艺文件等，来指导现场生产，使制造人员能更加直观、准确、高效地完成生产工作。

（1）基于模型的设计（MBD）规范

制定相应的三维标注规范，从三维标注环境设计、关联性设置、视图规范、尺寸标注、基准的应用、几何公差应用、表面粗糙度、注释等方面对基于模型定义的模型内容、设计模型、标注和属性要求进行定义，为实施基于模型的工艺设计提供支撑和保障。

（2）工艺知识库构建

结合型号产品特点、制造环境以及开展工艺设计工作的经验等，确定工艺知识分为典型工艺规程知识、典型工序知识、工艺规则和工艺资源四种类型。根据专业特点不同可以增加其他专业知识库，比如机械加工专业可建立机加工工艺附图库、产品三维特征库等，各类知识库的功能设计如下。

1）典型产品三维特征：典型产品的三维结构特征集合。

2）典型工艺规程：针对某一类具备相似结构或工艺特征的产品制定的工艺方法和过程。

3）典型工序：针对某一典型结构或过程的制造方法和要求。

4）工艺规则：制定制造工艺参数、工艺流程等工艺设计活动应遵循的原则和要求，通常包括工艺设计禁忌、工艺手册及工艺管理制度知识等。

5）工艺资源：制定工艺过程和要求应用到的各种刀具、工艺装备等。

工艺知识库框架如图 3 - 48 所示。

根据各自专业特点不同，可以对工艺知识库的分类进行调整或细分相应子库。如典型工艺规程库通常可根据不同产品类型，细分为舱段类规程库、阀门类规程库和法兰类规程库等，工艺资源库类可细分为刀量具库、工艺装备库、设备资源库、材料信息库等。在不断积累和丰富工艺知识库的基础上，采用智

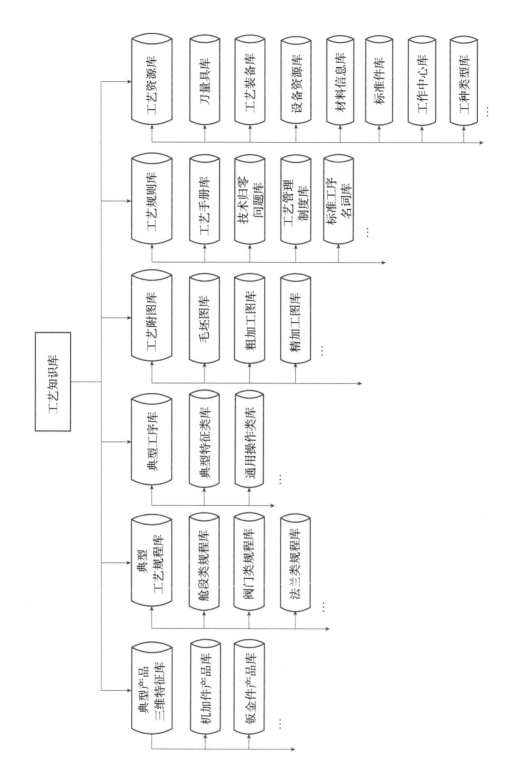

图 3 - 48　工艺知识库框架

能化工艺推理和自动建模技术实现工艺设计，大大提高设计效率。

（3）基于知识的集成工艺设计

①基于流程的集成工艺设计

基于工艺准备、工艺设计流程开展型号工艺总方案论证、设计工艺协同、工艺物料清单（PBOM）构建、技术状态管理、结构化工艺设计、工艺过程管理等工作。与企业资源计划管理系统、制造执行系统集成，实现计划、工艺、执行数据的贯通。建立基于技术通知单、设计更改单与偏离单的全流程跟踪管理，确保工艺技术状态受控落实。

②基于知识的快速工艺设计

如图 3-49 所示，通过识别当前产品的设计和工艺特征，基于产品特征知识库和典型工艺库，利用智能检索识别功能，定位航天产品相应特征的典型工艺，从而快速形成工艺方案。

基于工艺资源库，通过工艺资源之间的关联关系，自动建立设备、工装、工具的数控工艺资源映射关系，如数控加工领域通过设置刀具、转速、进给量等数控加工工艺参数，实现数控工艺程序的快速生成。

③工艺设计与仿真验证集成应用

建立工艺设计与仿真验证集成模块，包括软件应用集成和数据集成。通过软件接口的设计与开发，实现工艺设计、分析和仿真模块的集成应用。制造仿真所形成的仿真验证结果，通过集成方式，传递到工艺设计系统的工艺数据管理模块集中管理。工艺设计过程中，对工序、工步、工装、工具、设备和工艺参数等结构化数据进行管理。

3.5.1.2　工艺仿真系统

建立基于模型的多专业协同制造的一体化环境。通过对各专业仿真（机加、钣金、焊接、热处理、铸造、锻造、装配、虚拟现实等）进行集成和封装，生成直接面向具体任务的应用界面，以任务为驱动设计分析仿真软件的建模、后处理和求解过程。快速进行工艺设计模型和仿真模型的建模，提升工艺设计的数据处理效率，进行多专业优化仿真。

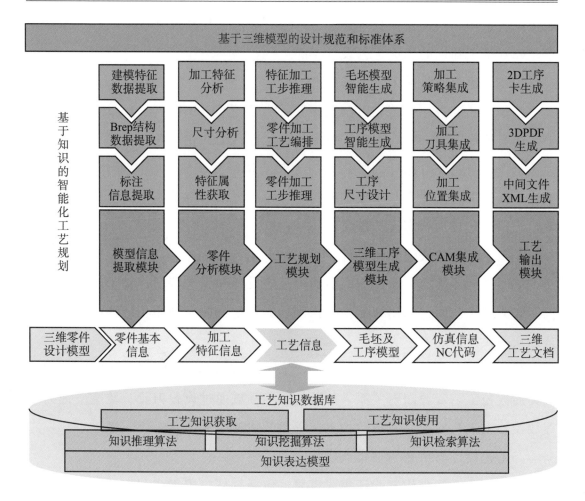

图 3 - 49　基于知识的工艺设计系统

（1）系统框架

工艺设计仿真框架如图 3 - 50 所示。

①仿真管理

建立仿真管理模块，实现各专业仿真软件及任务的统一管理，以任务驱动专业仿真的开展，对仿真过程中的仿真数据、仿真基础资源进行集成化管理，实现仿真任务的项目化管理、仿真知识和数据的集成化管理，从而实现仿真任务分配、过程监控和结果管理。

②仿真数据管理

对仿真过程数据及数据关联关系进行管理，建立仿真过程中的共享资源库，包括工艺参数库、材料库、工艺模板库、三维工装资源库、仿真结果库、

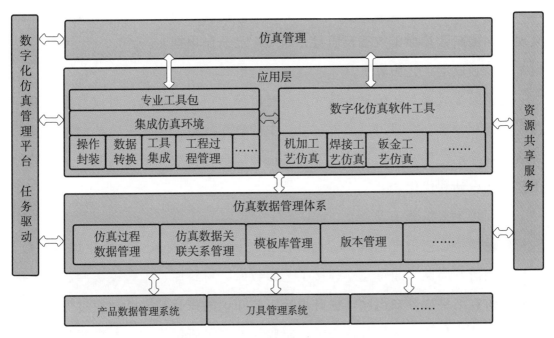

图 3 - 50　工艺设计仿真建设框架

仿真知识库。

③数字化仿真工具

建立涵盖机加工艺、焊接工艺、热处理工艺、铸造工艺、导管工艺、钣金工艺、装配仿真等各专业领域的仿真工具。

④集成仿真环境

通过建立集成仿真环境，实现仿真管理模块与各专业仿真工具的集成，实现模型数据（设计模型/仿真模型/轻量化模型/网格模型）、工装资源数据（工装、工具、厂房、人员）、基础库（材料库）、知识库（工艺模板、工艺参数）的共享，实现数据、知识、流程、多学科的协同。针对产品开展涉及多学科、多领域的仿真分析，提高仿真效率，有效实现知识的积累、共享、重用。

（2）专业工艺仿真

①机加工艺仿真工具

建设机加产品工艺仿真工具，实现机加产品工艺加工过程仿真分析，通过集成产品数据管理系统，实现基于产品三维模型的数控加工编程前期仿真分析，基于数控加工仿真实现数控加工工艺优化，减少新材料、新工艺应用中数控加工试切时间，有效避免大尺寸产品过切、碰撞、加工变形等导致的产品报废现象，提高数控加工效率及质量，缩短产品研制周期。

②钣金成形工艺仿真工具

建设钣金成形工艺仿真工具，通过有限元数值模拟仿真，对成形过程进行仿真验证和分析，查找出成形方案设计中的潜在故障，优化工艺参数和模具设计结构，确定合理的成形参数。工艺人员在综合分析数据信息的基础上，进行工艺方案设计和优化。

③焊接工艺仿真工具

建设焊接工艺仿真工具，提前开展工艺设计与仿真验证，优化焊接参数，缩短工艺研发周期，通过建立焊接工艺参数库、材料库、工艺模板库、仿真资源库、仿真结果库等知识库，提升焊接工艺知识的积累和继承。通过焊接仿真加试验验证优化的方式代替传统纯试验验证的工艺研制模式，减少实际焊接试验次数，降低研制成本。

④热处理工艺仿真工具

建设热处理工艺仿真工具，建立热处理工艺数据库，准确预测和防止热处理缺陷的产生，及时对热处理成形工艺进行优化，提高产品质量，实现试验经验与仿真相结合，缩短热处理过程的试验周期。

⑤铸造工艺仿真工具

建设铸造工艺设计仿真分析工具，实现对铸件缩孔、疏松、裂纹等缺陷倾向的预测，改进和优化铸造工艺方案，提高产品质量，降低废品率，缩短产品生产试制周期，降低生产成本，提高工艺技术水平。

⑥锻造工艺仿真工具

建设锻造工艺仿真工具，实现对锻件成形材料流动、应力分布、温度分布的预测，缩短锻件模具设计周期，有效地减少折叠、裂纹等缺陷的发生，从根本上提高锻件的质量和产品可靠性。

⑦导管工艺仿真工具

建设导管工艺设计仿真工具，通过对管材弯曲成形过程中可能出现的起皱、回弹等缺陷的预测、椭圆度的预测，修正和优化工艺参数，提高工艺设计质量。建立导管成形仿真基础数据库，实现对工艺参数、加工模具库的管理，对导管成形工艺的可行性进行快速分析，缩短工艺准备时间。

⑧装配工艺仿真工具

建立装配工艺设计仿真工具，将三维模型、工艺规划、工艺详细设计和工艺验证进行无缝集成，利用工艺物料清单数据定义产品、工艺、资源的关系，创建和优化装配顺序、装配路径，实现装配工艺的分析和优化，提高装配工艺设计的效率与可实施性，同时仿真过程可生成为动画文件，形成可视化装配作业指导书，指导车间生成。

⑨虚拟现实系统

建立虚拟现实系统，操作人员基于三维逼真的虚拟环境，操作产品零部件，验证产品零部件之间的可装配性和装配路径。通过预装配，提前发现工艺设计问题，对工艺设计进行改进、优化，有效地提高产品装配质量、降低研制成本、缩短研制周期。

3.5.1.3　单元管理信息系统

3.5.1.3.1　业务流程

制造单元管理信息系统的业务流程主要体现为四个过程，分别是业务系统集成、过程管理和制造执行、物流管理、现场执行。业务流程示意图如图 3 - 51 所示。

（1）业务系统集成

通过与厂级企业资源计划系统的集成，获取产品生产计划，并进行计划的下发。与厂级产品数据管理系统集成，获取产品加工工艺方案。

（2）过程管理和制造执行

生产准备以计划任务为源头，分为技术准备和生产准备两个环节。技术准备过程是工艺人员接收任务后编制工艺规程等相关工艺文件，调度员和库管员按照工艺规程开展生产准备，生成质量控制卡片，配套相应物料，准备生产所需要的工装工具等。

制造执行主要是单元管理员接收到生产任务后，将任务派工到设备和人员，操作员或者调度员按照任务完成情况进行报工和质量信息的记录。

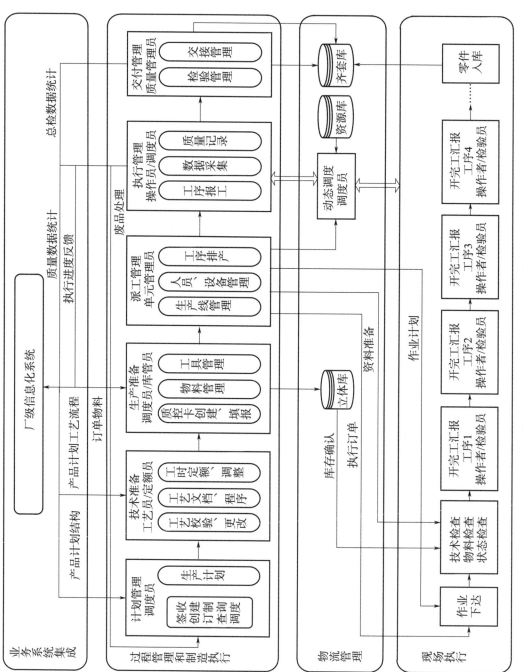

图 3 – 51　系统业务流程示意图

（3）物流管理

该过程涵盖工艺文件、物料、工具的流转管理，实现关联工序、设备、人员的全面监控；同时为计划执行前、执行中的生产技术准备状态提供支持。其主要的业务过程为：调度员检查生产和技术准备的完备性状态；调度员、工段长、操作工人通过条码扫描确认物料、刀具、夹具、量具的接收；库房管理员通过配套管理系统查询物料、工具的状态。

（4）现场执行

现场执行包括作业执行监控看板、作业执行数据采集等。所涉及的使用人员有：车间领导、调度员、库房管理人员、操作工人、检验员。其主要的业务包括：车间领导、调度人员查看不同型号、批次、工号的作业执行看板；操作工人完成生产前的准备检查、汇报操作开工完工；检验员完成工序报完工操作；库房管理人员完成物料、工具的实时状态管理，包括地点、设备、人、作业工序等的全面管理。

3.5.1.3.2　功能

制造单元管理信息系统主要包括系统管理、基础数据管理、任务管理、质量管理、制造资源管理、物料管理、工时管理等功能。

（1）系统管理

本模块主要用于系统管理员对系统功能模块、用户及权限、系统数据模型等的定义维护，以确保系统正常运行。

（2）基础数据管理

基础数据管理实现系统运行所必需的基本配置和公共基础数据的管理。采用系统内置独立模块或与外部接口对组织结构、物料字典信息、产品数据、工艺数据、工厂日历、加工中心数据进行维护管理，避免数据重复，减少冗余，为业务系统提供基础数据。

（3）任务管理

①计划管理

计划管理是指获取车间生产任务信息，根据制造单元管理特点，采用不同的计划管理模式进行计划的排程。同时根据生产专业特性，按照生产计划进行生产准备，例如，装配单元涉及工艺规程、质控卡、配套表、工时、工量卡具、工装、原材料等的准备，零件制造单元涉及材料、设备、工装刀具等资源的准备，要对其进行安排及确认。具备生产条件的计划，结合人员、设备、物料、零件加工状况等实时情况，下达至作业现场等待生产。

②现场执行管理

操作管理反馈生产任务完成情况，对关键操作环节监控防错，管理操作日志，方便对车间现场工人操作进行协助和指导支持，提高车间现场效率。结合现场数据采集功能，控制和协调管理具体工作中心上的作业计划内容，指导现场操作，跟踪作业计划执行进度，反映作业计划生产动态，提供生产管理人员需要的生产作业计划动态数据。获取实际的工装、刀具、设备、物料、质量等信息，通过预设的防错预警规则，对当前生产操作内容做验证，提高操作的准确性、可靠性。

以任务为核心，按照产品制造工艺流程进行图形化展示，形成可视化看板的效果，为不同角色的车间人员提供协同工作环境。

生产过程可视化看板展示该产品的作业顺序关系、作业工序技术准备状态、作业工序时间、设备安排信息、作业工序报开工信息、作业工序报完工以及检验结果信息等。作业执行过程控制、信息展示与作业数据采集如图 3 - 52 所示。

（4）质量管理

通过对生产节点的质检管控，提供符合用户需求的成品，包括基础数据管理、质检计划管理、质检派发管理、质检信息采集、质检跟踪追溯、质量统计分析等功能。

基础数据管理提供与质量检验相关的基础信息配置功能。主要包括生产工艺数据、质量测试等级、质量测试问题分类、质量测试类型等信息。

质检计划管理主要是生产过程的检验计划制订和管理，质检计划制订与工序计划、质量检测类型配置要求以及工序计划本身的重要程度有密切联系，需要结合实际情况，灵活调整质检计划。

质检派发管理主要是质检负责人结合检验分工特点、检验任务实际情况以

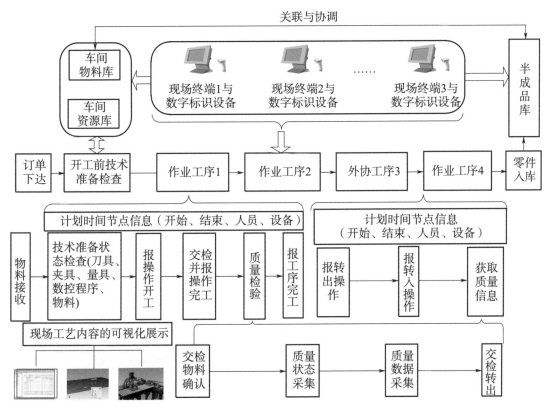

图 3-52　作业执行过程控制、信息展示与作业数据采集

及检验计划要求，对检验任务进行安排，形成检验任务的工作指令单，为有序的检验任务管理提供支持。

　　质检信息采集主要根据检验工作指令单要求，检验员做相关质检工作，结合质检标准，对原料、在制品、制成品进行质量检验，根据质量检验结果进行结果判定，确定产品质量等级。根据质检执行要求，检验员采用手工或条码等数据采集手段，与检测设备自动集成等方式，实现质量检测实际数据的采集。

　　质检跟踪追溯主要是对生产过程中的质检信息进行跟踪管理，包括质检信息发生的时间、地点、作业者等信息。通过质量追溯，获知产品在整个生产组织过程中发生的所有质检事件以及质检详细内容，为分析质量异常原因提供历史数据。

　　质量统计分析是以数理统计学为基础，借助计算机强大的计算能力，把蕴含在检测数据中的质量信息展现出来，用于工序质量控制和工序能力分析；把采集起来的数据进行整理分析，找出质量波动的规律，把质量波动控制在最低限度。有不合格的数据后，可以创建和查看审理单。

（5）制造资源管理

制造资源管理包含人员、设备、量具、工装、刀具等的管理。人员管理应结合人员基础信息，结合生产过程人力使用情况及考勤情况，实现对人力资源的有效管理，满足对车间劳动力动态了解和管理的需求。设备管理包括设备基础信息、设备运用管理、备件管理、设备故障管理、设备维修、统计分析功能。量具管理包括量具基础数据、量具库存管理、量具维护管理等功能。工装管理包括工装基础数据、工装运用管理、工装库存管理、工装检验管理、工装维护管理以及工装统计分析功能。刀具管理包括刀具基础数据管理、库存管理、统计管理等功能。

在重点机加单元，可以单独建立刀具管理系统（TDM），实现刀具的全参数量化管理。通过 TDM、立体刀库、刀具预调仪等软硬件建设可实现刀具自动存储、刀具预调、刀具数据管理、刀具库房管理、刀具编码管理等，通过接口开发与集成，实现数控编程软件、数控加工仿真软件等与 TDM 数据集成，提高工艺参数量化水平。

刀具管理系统主要包括刀具数据管理，硬件设施建设与编程系统，如图3-53 所示。其中刀具数据主要包括刀具参数、二维图样、三维模型和库存信息等相关数据，硬件设施包括刀具立体库、对刀仪、动平衡仪等设备，编程系统包括数控编程与数控加工仿真系统信息传递与数据集成，实现刀具三维信息的数据共享与同步。

依托刀具数据管理系统（图3-54），将现场库房中的刀具详细信息录入TDM，形成与现场库房对应的虚拟刀具库房，实现刀具分级管理，区分刀具零部件、组件和刀具列表，刀具位置追踪，使用频率统计功能，帮助优化刀具库存量，使虚拟库房与现场库房刀具一一对应。当工艺人员进行工艺设计、数控编程和仿真时，即可通过各软件与 TDM 的接口直接调用虚拟库房中的刀具，使现有工艺规程更具指导性，并可制定更加准确的切削参数，提高仿真验证准确度。

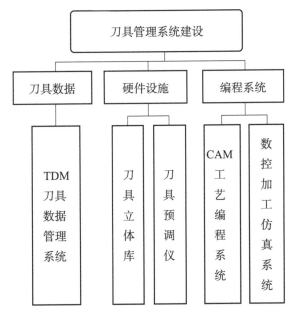

图 3-53 刀具管理系统总体方案示意图

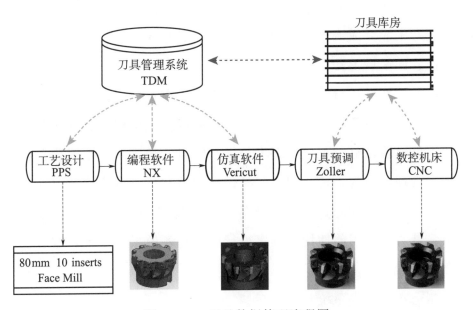

图 3-54 刀具数据管理流程图

（6）物料管理

在制造单元中配置线边库，用于物料的管理。建立物料管理系统，包括基础信息建设、库存管理和库存分析等信息。对于机加单元，主要是对毛坯、半成品等物料的管理；对于装配单元，主要负责单元内配套物料的管理，包括对单元内生产任务应配套、已配套、未配套的数量及缺项等进行提示预警。

（7）工时管理

通过生产过程报工，实现作业人员工时的采集和绩效的统计，精确追踪工时，提高生产运营管理的可视化程度，支持单元内人员的考核和绩效管理。

3.5.2　工控层信息系统构建

（1）分布式数控系统

分布式数控系统通过边缘网关实现对串口、网口、输入/输出口等各类数控设备、工业机器人、检验测试工具以及试验台等现场设备的连接，实现数控程序等数据的上传、下载、审核、下发，以及相关的数据加密、回传文件管理等功能，实现高效准确的程序传输，提高设备利用率。

程序上传管理主要是面向工艺人员和现场调试人员，对编辑好的程序进行上传和送审等操作，同时关联工艺规程（产品结构树），匹配加工设备。上传操作支持针对未能完成调试验证的程序进行临时暂存，支持从服务器下载到设备进行测试、调试后上传。针对调试完成可投入使用的程序，进行送审操作，并对程序的送审状态进行统一管理，便于查看送审程序当前所处的状态。

程序传输管理主要是根据工艺要求，按照设备结构树对程序进行下发，监控程序的下发过程，显示程序的下发进度与结果。程序管理是对服务器中的程序进行集中管理，包含上传、回传、备份、审核和报废的程序，可对程序进行送审、下载、报废、删除、版本对比等操作。程序回传/备份管理是面向设备操作人员，针对设备当前使用的程序进行回传和备份操作，保持服务器程序最新，保存备份程序方便查看。

（2）制造数据采集系统

制造数据采集系统主要用于采集生产设备工作和运行状态数据，实现对设备的监视与控制，并对采集的数据进行分析处理，可为制造执行系统和企业资源计划管理系统等软件提供数据支持。系统具有数据采集、设备监控、数据分析处理、报表输出等功能。

系统通过边缘网关与各类生产、检验设备连接，实现设备的工作和运行状态的自动化实时采集，并对采集的关键数据如产量、产能、开机率、故障率、设备综合利用率（OEE）、合格率等，进行统计和分析，如图 3-55 所示，实现定制化的设备维保、过程异常监控预警、产品综合指标监控等管理目标，为生产过程中的瓶颈识别、工艺优化、计划排程、成本核算、绩效统计等需求提供数据支持。

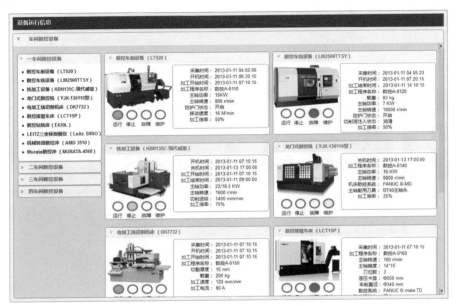

图 3-55　设备状态监控界面

（3）工业控制系统

工业控制系统主要是对生产设备、试验系统以及智能仪器仪表等实行调度和控制，由 PLC 或与相应设备自身操作系统集成的方式实现。通过指令单元管理、指令组合管理、指令调度执行和指令调度实现等功能，控制各个设备或工控系统完成各项动作，并将执行结果反馈给相应的业务管理系统。

（4）自动化仓储物流系统

建立基于编码的自动化仓储物流管理系统，通过单元管理信息系统与自动化物流仓储控制系统集成，实现毛坯、半成品、成品、工装的自动出入库和自动运输过程控制，管理任务执行进度和物料流向，实现物流的自动化管理，大幅减少物料周转等待与查询追踪时间，提升物料精准配送能力。自动化仓储物流管理系统总体框架如图 3-56 所示。

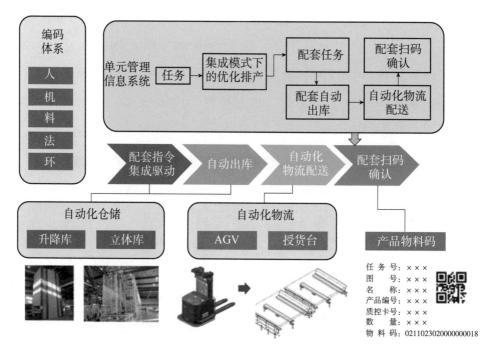

图 3 - 56 　自动化仓储物流管理系统总体框架

3.5.3 　设备层信息系统构建

引入单元制造所需要的加工、装配、检测设备，具体详见 3.3.1 节内容。

配置支撑单元制造的现场硬件条件，包括数字终端、条码打印机及视频监控摄像头等，用于业务数据存储、条码打印及扫描、加工过程及物料运送过程监控、生产任务接收及完工反馈等。建设现场电子看板，包括屏幕、显示屏等，对生产执行、异常统计、质量统计等相关信息进行可视化展示。

3.5.4 　网络层信息系统构建

建设现场工业控制网络，通过符合工业控制网络规范的传输协议，以及标准的接口，实现各个设备的互联互通，设备层与控制层、管理层各个系统之间的双向通信，从而实现设备的控制与数据采集，实现工业控制网络与国密网的安全连接。

3.6　小结

本章主要对制造单元的规划设计和构建方法进行研究。首先介绍了航天常用的几种产品归类方法与应用案例；其次介绍了产品工艺设计流程、工艺改进与优化应用方法和实例，阐述了单元制造所需的制造资源类型，提出了制造资源配置方法，介绍了航天制造常见的几种单元布局形式，列举了单元布局与运行验证应用案例。最后，从单元层、工控层、设备层、网络层四个层面提出信息系统建设内容。

参 考 文 献

［1］ 王国庆，胡新平，刘欣，等．制造单元的定位以及范围和规模问题（制造单元系列之四）［J］．航天制造技术，2006（3）：5-8．

［2］ 王国庆，胡新平，刘欣，等．机械加工单元的实用工艺布局方法与工艺优化（制造单元系列之三）［J］．航天制造技术，2006（2）：1-5．

［3］ 王国庆，胡新平，刘欣，等．传动组件制造单元在首都航天机械公司的实践（制造单元系列之二）［J］．航天制造技术，2006（1）：3-7．

［4］ 袁维佳，刘海光，赵军贵，等．基于产品特征向量法的壳段成组分类方法研究［J］．机械工程师，2022（1）：31-33．

［5］ 王志东，敖洪峰，沙建军，等．氢氧发动机装配单元制造模式研究［J］．航天制造技术，2012（6）：8-10，18．

［6］ 任秀丽，敖洪峰，何月杰，等．航天数字化生产线中的自动化仓储物流建设研究［J］．航天制造技术，2020（1）：46-51．

第4章 航天制造单元的运行与评价

航天制造单元旨在提高航天产品的批产制造能力、缩短制造周期和提高质量可靠性。无论是对一个新建的制造单元，还是一个已经运行的制造单元，均需围绕生产、工艺、质量、物料、设备、人员、信息等多方面，设计一套符合单元制造特点、融合多种先进制造模式的管理制度机制，以提升单元的综合运营效率。针对单元规划设计的效果以及运营管理的绩效，需要有一套科学的评价指标和评价方法对航天制造单元各个评价维度进行量化综合分析，从而为制造单元的改进和优化指明方向。

4.1 航天制造单元的运行管理

4.1.1 生产运作

航天制造单元生产运作主要是建立单元运行与作业机制，促进单元的技术、人员、设备、物流、信息、环境等要素的有机联系和协同作用；建立正常运行机制与应急反应机制，既能够保证正常的批量生产的平稳、有序进行，又能够及时处理研制任务、临时任务、任务变更等特殊情况；对单元运行机制及时调整和修正，不断扩大正常机制的处理范围和处理能力，尽量将特殊情况纳入正常机制处理，避免或减少对生产的扰动，实现生产的稳定和均衡。主要包括计划任务管理、设备管理、物流管理、现场管理四方面。

（1）计划任务管理

在传统制造模式中，是根据生产计划编制生产任务，再将生产任务分解成各工段任务下发给各工段班组长。而在单元制造中，是将生产任务分解成单元任务下发给各单元长。

　　根据生产任务进行零部件分解的同时，按成组的要求划分零件组，编制各车间及单元的零件组任务。须考虑不同交货期对各零件组内每个零件的影响，并结合加工时间长短、材料供应和生产能力等情况，准确合理地安排各零件组的投入期，保证各车间及单元按时、按量完成任务。

　　同时要随时监督、检查和协调车间、单元任务的执行情况，严格进行生产控制，保证产品的配套性；当有些单元出现故障或超负荷时，需要进行单元之间的协作。

　　（2）设备管理

　　①对单元设备实行自主监控，强化使用人员养护意识

　　设备使用人员更多地参与设备的保养和维护是单元生产的要求。主要包括：细化设备点检和保养的规程，明确使用人员的点检、保养与日常维护职责，使一线操作者更多地参与设备维护工作，形成单元内的设备使用人员和单元外的专职设备保全人员共同参与、职责分明的设备维护体制，为生产的稳定运行提供坚实的保障。

　　②进行生产要素维护，确保制造单元正常运行

　　进行生产现场各项要素的维护工作，保证单元的正常运行，推进单元化工作的制度化和长效性。主要包括：建立生产现场与技术部门之间的联络渠道，形成两者之间的沟通机制；搭建制造单元与管理和决策部门的联络平台，实现对单元状态的及时反馈和监督；制定单元配置与定置内容的检查和维护制度，进行现场定置的定期重建工作。

　　③为单元配置制造资源库

　　为单元配置一对一制造资源库及单元立体库。单元内工具、刀量具全部存放在单元立体库中，每个单元内的工具、刀量具仅能在单元内使用。每个工位仅保留通用的工具、刀量具等，其他工作过程中需要使用的工具、刀量具从单元立体库中当天领取，当天使用。刀具使用时若出现磨损随时更换，使用完毕随时归还。

　　（3）物流管理

　　在以研制为主的制造阶段，生产批量小，从而形成了重质量、轻管理，重

生产、轻物流的工作模式。物流管理通常存在下列问题：仓库布局及物流流程不合理，不能满足现代企业集中存储及配送的要求；通常由传统的物资管理部门对相关物料进行管理，缺少统一的物流协调，造成物流中各个环节脱节，库存周转率低；物流设施利用不充分；信息不通畅，共享程度差；物流成本高。引入单元制造后，主要从以下两方面着手。

①实现自流转物流方式，改进物流管理模式

物流管理模式的改进涉及物流组织机构的重新设置、人员职责的重新分配以及物流流程的改进。在单元中每个工序设置流转区，单元内的产品由操作者自行实现流转，调度员只需要按计划提供原材料、运走制成品和准备工装即可。调度员从面向车间所有工人到面向一个或者几个制造单元，工作内容发生了很大变化，工作量大大减少。因此可以把工作重点转移到计算机计划管理，刀具、工具、量具、工装等齐套管理，单元异常处理，单元外协和协外管理等方面。同时，可以安排专人统一给各单元准备刀具、工具和量具等，以减轻各单元操作者的工作量，提高整体工作效率。在布局规划时需要提前考虑物流管理的相关事宜，如物流路线的设置、各类缓冲区设置、物流转运器具的规划设计等。

②整合采购、仓储、运输、供应商等资源

现有的采购、仓储、运输和供应商等职能都是各管一块，往往导致相互的衔接出现问题。采购计划、运输计划都必须和仓储管理协调配合，供应商的管理除了资质管理、质量监控等，还必须和采购计划等密切配合。因此，有必要将采购、仓储等资源进行整合。

（4）现场管理

所谓生产现场管理，是用科学的管理制度、标准和方法对生产现场各生产要素，包括人（工人和管理人员）、机（设备、工装、工具等）、料（原材料、辅料、成品、半成品等）、法（加工、检测方法）、环（湿度、温度等环境要素）等进行合理有效的计划、组织、协调、控制等，使其处于良好的结合状态，达到优质、高效、低耗、安全、文明生产的目的。

现场管理的规范化是一切生产运营管理工作的基础。航天企业历来重视生产现场管理，收到了很好的效果，也制定和形成了相应的工作标准，以及相关的现场管理手册和设计可视化标识体系。现场管理的主要方法包括目视管理和6S 管理等。

①目视管理

打造一目了然的生产现场，建立各种标识体系，重点是建立现场各类区域标识、各类物料工具标识等，改善现场工作环境，提高工作效率。结合车间实际，布置展板区域，绘制警示线，绘制定置区域，标识、标签、看板要简洁明了清晰。

②6S 管理

6S 是在 5S（整理、整顿、清扫、清洁、素养）的基础上添加"安全"形成的。其目的是对生产的工作过程和工作区域进行改进，并在工作中进行固化形成标准。通过 6S 可以进一步规范生产现场的布局，规范物料、工具等的放置，避免安全事故，保证健康安全的工作环境。其中包括定位定置管理，各单元及所属员工参与"工作场地和周围环境标准、标识体系"的制定和实施，并且由班组共同维护，保证各单元制造现场环境的安全、清洁和有序，为每一件物品提供特定的放置地点。在 6S 里面最强调素养，所谓"始于素养，归于素养"。

4.1.2　文件与数据

航天制造单元文件与数据主要包括单元文件规章体系和单元数据体系。

（1）建立单元文件规章体系

对于管理文件，在生产管理、质量保证、物资保障、劳动纪律、健康安全等文件基础上形成单元的管理规程文本；对于技术文件，形成包括工艺的完整性、技术文件的齐套性、检验要求的规范性等方面的特定单元的作业规程文本；对于产品保证类文件，根据产品保证要求制定产品保证各类文件。

①管理文件

管理文件，如生产现场的规章制度文件，包括制造单元产品检验规范、安全生产管理规定、设备工装管理规定、产品及物流贮存、周转及防护管理规定、岗位职责说明、人员资质要求及培训计划、计划调度及质量信息管理规定、岗位操作规程、使用说明书、关键过程项目清单、禁（限）用工艺项目清单等，这些文件在单元建立时已配备并指导生产。

②技术文件

技术文件包括设计文件、工艺文件等。

设计文件包括制造单元说明书、图样、技术通知单、技术要求等。

工艺文件覆盖产品生产全过程，所有工艺文件协调、统一、清晰、完整，满足生产需要。工艺文件编制、校对、审核、标检、批准签署齐全，符合相关要求。工艺文件更改均出具相应的更改单，更改项目明确，更改内容表述完整。工艺文件的使用和归档须按照相关管理办法执行。工艺规程的编制须符合产品相关工艺文件编写细则要求，细化、量化、可操作性强。工艺规程包含生产、调试、试验与检测、周转、工序交接检查、贮存、包装、防护等方面的控制要求，关键质量控制点明确，合理地利用多媒体记录手段，符合"可操作、可量化、可重复、可检测"的要求，能够指导高效、稳定、重复生产合格产品。

③产品保证类文件

单元建立时，根据产品生产特点和产品保证要求生成产品保证大纲，并配置相关程序文件等。相关程序文件具体包括：程序文件、第三层次文件、文件控制程序、记录控制程序、标识和可追溯性控制程序、产品实现策划控制程序、产品防护控制程序。

同时包括产品质量记录、质量保证大纲、工艺保证和人员保证项目清单等。产品质量记录要求完整、规范，技术文件中要求的检验点都进行了检查并有记录，记录（包括多媒体记录）清晰、完整、有效，多媒体记录的有效性经过相关人员确认。

（2）建立单元数据体系

制造单元数据主要包括：人员数据、设备数据、产品数据、物料数据、任务数据、工具数据、工装数据、现场监控数据、质量数据等。

对单元数据的过程管理包括：人、机、料、法、环、能、测各要素的数据连接、数据感知、数据采集、数据传输、数据存储、数据分析等全过程全生命周期的管理。

通过生产经验的积累和操作诀窍的搜集，以及单元各项要素运行数据的沉淀，经过整理形成工艺、设备、质量等单元各类数据知识库，包括：产品数据库、工艺知识库、操作参数库、单元配置表（包含人员、设备、设施等），使企业的基础能力和核心技术持续增长。同时对各项数据进行数据处理，构建运营决策模型，支持报表及运营中心，实现数据赋能。

4.1.3　质量保证

质量与可靠性是航天产品的重要保证，也是航天制造系统的最核心目标。尽管质量、交期和成本是制造系统的最根本任务，但对航天制造系统而言，质量可靠性尤为重要。目前航天制造企业已经积累了一套行之有效的质量管理方法，如全过程的检验、系统的可靠性试验、归零管理等，为制造出高质量、高可靠性的航天产品提供了重要保障。

按照航天产品质量保证的相关要求，进行制造单元质量管理，主要内容包括以下四方面。

（1）基于产品保证体系，制定岗位人员的质量职责

从企业产品保证体系出发，以型号质量控制要求为基础，根据各单元的产品特点和岗位设置情况，明晰不同单元的岗位质量职责，整理并明确在生产中各岗位人员必须遵循的质量控制程序，将企业的管理制度细化到具体的执行人员，将质量意识落实到单元的每个人，提高规章制度的可执行性和可考核性，形成落实到单元岗位与人员的质量控制要求。

（2）吸取型号质量管理经验，建立制造单元的质量控制要求

基于产品单元，进行面向产品的质量分析工作，面向单元产品族，结合"三定""三按""三检"、问题归零等型号质量管理办法，吸取关键件、重要件，关键工序、重要工序，关键检验点、强制检验点等质量控制程序的优点，制定面向具体产品族的技术状态控制规程和产品质量控制要求，使质量控制更有针对性，保证产品质量的一致性。

传统研制生产过程的质量控制方法是：加工零件—质量检验—挑出超差品—交付合格品，对于可以返修的超差品进行返修后使用，不能返修的予以报废。虽然有自检和互检，但还是典型的靠事后把关来保证产品质量。传统生产方式是以尽量大的"批"进行零部件的流转，发现质量问题往往已经是批量问题了。为了避免批量质量事故发生，必须强调工序控制，造成检验员大量增加，生产效率降低。

制造单元强调靠事前预防超差品的产生，强调自检与互检的有效结合，实行"三不原则"，即不接受缺陷、不传递缺陷、不制造缺陷，不设置工序间专职检验，由操作者通过自检、互检保证单元在制品的质量，只在材料进入单元和产品离开单元等单元间的交接环节，由专职检验员进行检验。把质量控制明确到操作过程中，强化单元内部操作人员自检，力争做到100%自检，下一道工序对上一道工序进行互检，产品最后由总检工位专职检验员进行检验。图 4-1 是两种制造模式的质量控制过程对比。

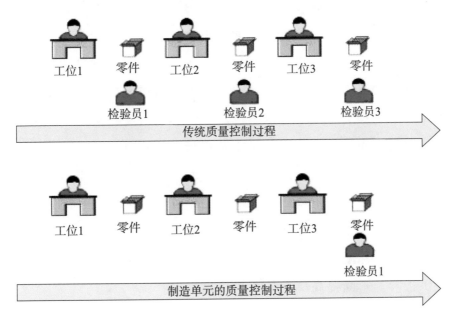

图 4-1　两种制造模式的质量控制过程对比

针对关键件及关键工序可以保留专职检验员，实行定工艺方法、定人员、定设备，减少生产的波动以确保关键件及关键工序的加工质量都符合要求。对于航天生产中有特殊要求的情况，例如不可拆卸、难以通过结果判断产品状态的，以及其他必须进行工序中跟踪检验的，依据型号任务要求，由专人跟检。

把所需的检测项目纳入标准化作业中，操作者的检验动作应被列入节拍，成为操作者的标准动作，使产品质量受到严格控制。当操作者在加工过程中出现问题时，可以立即采取挽救措施，由于是单件（小批）流转，批次性报废的概率大大降低。后工序是前工序的用户和质量检验，而且实行的也是100％检验，同时承担比以前更大的质量把关责任，可以有效地取消工序间的专职检验员，从而大大减少专职检验员的数量和工作量。

（3）基于产品和工艺分析，设计检验规程与相应单据

以产品和工艺分析为依据，设计满足完整性和可追溯性等要求的单元生产过程的检验记录单据和处理流程，以及相应的产品检验规程与问题处理机制。为检验记录的形成提供方便、快捷的手段，为质量控制文件的完整、客观、真实提供必要的输入设备和填写条件，保证对产品实现过程控制的有效性，为形成型号质量数据包奠定基础。

建立发生质量问题时的处理机制。单元制造模式中借鉴了精益生产的处理办法，即发现问题的人员有权停止作业，由单元人员共同分析质量问题、查找问题根源、彻底排除隐患，再行恢复生产。如果是由单元内部原因造成的质量问题，由所有单元成员共同承担责任。在航天制造单元的实际运行中，可根据具体情况做变通处理。

（4）注重引进先进的方法工具，不断提高质量管理水平

产品单元化生产后，相似产品的统计样本数量增多，为引进和应用先进的质量分析方法和工具创造了条件，如质量控制（Quality Control，QC）七大手法、成功包络图等，用于探索和揭示相似产品重复生产的质量趋势和规律，丰富质量保证和可靠性增长的技术和手段，对产品的质量控制、产品检验、产品筛选等提供指导，不断提高单元的质量管理水平。

4.1.4 环境与安全

航天制造单元环境与安全主要内容包括以下三方面。

（1）完善生产环境，满足产品生产要求

优化单元生产环境，保证单元生产条件，确保在能源动力等资源条件方面

以及在衣着、亮度、清洁度、电磁场、湿度、温度等方面，符合产品生产相关指标要求。一方面，要关注包括工具、器具、夹具等的"机器"的管理和包括原材料、辅料、在制品、制成品的"料"的管理；另一方面重点对生产过程中产生的废弃物进行管理，包括流转和处理程序。所涉及的废弃物有润滑液、冷却液等液体废料，边角余料等固体废料，生产现场产生的无用的各种物品。

在生产环节中，典型的精密机加和装配等对环境的要求非常高。精密机加设备一般比较大，需要良好的空间布局来确保设备的稳定性和安全性；同时在精密机加过程中会产生一定的噪声、粉尘、有害气体等，需要保证场地的环境清洁、整洁、防电磁等，并且防护措施完善；而一些特殊产品的装配对环境的洁净度要求很高，通常会设置洁净厂房或车间，在一定的空间范围内，对空气中的微粒、气体、温度、湿度、噪声、振动等因素加以控制，使其符合国家或生产标准要求。

精密和超精密加工要求的支撑环境因为工序的不同而不同。某一个产品的生产常常同时需要有普通环境、精密环境和超精密环境。在具体实现这些环境时，不是分别单独设置，而是采用逐层提高的方法。即使是在建设恒温洁净室的时候，在规划上也可以一层套一层进行局部环境结构的设计。其目的是让最里层的恒温精度与洁净程度等级更高。

（2）强化现场环境治理，确保现场的整洁和安全

制定环境控制条件，如淋浴、水池、吸尘器等，以及污染物处理和达标排放条件等，实施对现场管理的监督和评价。

完善安全防护措施和危险应急预案，准确识别和有效控制各级危险点，对安全用电、安全技术、环境卫生、环境保护、消防、安全防护、安全保卫等各个方面进行安全评估，保证提供整洁、安全的工作现场。

（3）改善人员工作条件，保证员工身心健康

从员工感受出发，应用人因技术，在环境色彩搭配、噪声控制、照明条件、休息设施等方面进行改善工作，努力营造身心愉快、精力集中的工作环境，使现场环境与人的关系协调。

以员工工作条件的逐步改善为基础，实现对现场人员、材料、设备、工

艺、环境等的综合控制，减少浪费和无效劳动，创造安全健康、规范高效的工作环境。

4.2　航天制造单元的组织管理

4.2.1　人员与组织

航天制造单元人员与组织主要包括单元人员配备与单元组织形式两方面内容。其中，单元人员配备主要包括：确定单元所涉及人员的类型，包括技术人员、操作人员（不同工种）、检验人员、辅助人员、管理人员等；制定常备人员与临时人员的调配计划、配备专职人员与兼职人员；设计各类人员的工作内容和工作量；规划不同类型人员间的匹配关系和合作流程。单元组织形式主要包括：根据单元内部的人员类型和数量，确定单元内人员的组织形式和工作机制，确保工作量的均衡和岗位间良好的替代关系；确定单元内人员的工作标准和优化方法，以及岗位轮换机制，处理好单一操作和多样岗位的关系；建立单元内的人才培养和成长机制，形成技术交流和经验沟通的氛围，结合单元工种的多样性，培养多能工。

（1）建立面向单元的班组结构

航天企业普遍采用的是按照工种进行划分的班组模式，在机械加工过程生产组织采用单元后，生产的组织形式发生了重大变化，按照工种划分的班组模式已经不能适应新的组织形式，需按照产品对象进行分组。

对于单元制造，因为考虑了产品的相似性，将不同的、类似的产品集中起来，所以改变了原有以功能性布局为主的生产组织形式。传统的班组结构也需根据功能进行划分，如根据工种可以划分为车工组、铣工组、磨工组等。而单元制造是将类似的产品进行集中，所以班组的结构再也不能像功能性那样，而是应该以单元为组织的对象。将传统的按照工种分组为主的模式改为以单元为主、工种为辅，将过细的专业分工转为粗细结合，以单元为核心建立相应的班组结构，单元长取代原有的班组长或作业长。

制造单元主要是以单元长、生产工人、质检员为主，技术人员及辅助人员参与的团队。单元长负责对制造单元全面管理，如任务分配、生产调度、问题处理等；当单元内工人暂时离开岗位时，单元长可以进行顶班。单元可以根据规模设置副单元长，副单元长是兼职的，即不仅要在倒班时承担管理的职责，还要承担某个或某几个工种的生产任务。生产工人即不同工种的操作人员。质检员主要是对产品的质量进行控制。技术人员包括工艺人员、调度人员等。辅助人员包括刀具量管理人员、设备维护人员等。在单元的划分上，根据不同的工作内容建立不同的结构。对于机群的组织形式，班组可以沿用原有的结构形式。对于装配，因为有时采用承包制的形式，即设定几个小团队，每个团队从头到尾完成全部的装配。如果是按照脉动装配或连续移动装配线的模式，则班组的结构可以按照工位或者产品线进行。

（2）建立单元人员一岗多能培养机制

生产线内的制造单元零件产品工艺流程相似，部分产品各工序的时间相近，车间制造单元采用直线型和 U 型相结合的布局，操作者可以在较小的空间内实现多工位的循环操作，可以在加工其中一种零件的同时完成另一种零件的装夹、拆卸工作，实现"一人多工位"的生产模式。"一人多工位"的生产模式是制造单元的优势体现，对于企业，该模式可以减少劳动人员，减小企业负担；对于操作者个人，可以大大增加劳动收入，提高工作积极性。

制造单元作为单元制造管理主体，要求单元成员贯彻"全面、全员、全过程"的立体管理思维模式，从以往班组成员在活动平面上负责的方式变为在立体的三维空间里负责。通过培训和引导提高单元长的管理水平，加强其对单元生产任务的控制能力，使其成为一个全能型管理人员。加强操作工人的立体岗管理，培养一岗多能人才，将以往只负责单项工作内容以工作数量衡量的操作工，变为负责多项工作内容以管理能力衡量的操作工的立体化单元管理模式，确保岗位间良好的替代关系和工作量的均衡。

随着单元制造模式的建立及优化，信息系统普遍应用，大量重复性工作被计算机取代，这对人员的能力提出了更高要求。员工需要熟悉产品全流程，提高对产品差异和产品故障的把握程度，对使用的现场设备进行更好的维护保养，能对多工序进行操作，熟练掌握信息系统的使用，能监控正常流和处理异常流，同时能直接参与管理。为适应单元内班组建设和单元柔性发展的需求，需加强单元成员的技能培训，提升综合素质。建立培养机制，加强单元化知识培训、信息系统与多岗位的实践培训等体系化的培训，进一步增强员工能力，适应单元生产的要求。同时设立全员参与的持续改进机制，鼓励单元内部员工直接参与管理，不断优化模式与流程，一方面降本增效提质，另一方面提高个人能力。

（3）以一人多机为目标的人力资源数量计算方式

对于机械（车床、铣床等）加工来讲，由于航天产品加工工艺复杂，加工过程时间长，因此，在这个过程中，机器的自动化加工时间通常较长，手动作业的时间往往较短。单个操作工到底可以操作多少台设备，取决于工人操作的机器加工时间与手动作业时间的比例，以及品种数量等因素，可以用（总时间/手动作业时间）乘以宽放系数的方式来计算确定。在可能的情况下，考虑到高质量高可靠性的要求，尽可能在同一工种内实现一人多机。在熟练度越来越高时，可以考虑在工种间实现一人多机。

对于以装配为主的单元来讲，人力资源数量的配置计算与装配的形式有一定的关系。对于定位式的装配，通常设置几个团队，根据型号生产纲领，由团队进行承包，团队将负责该型号产品从头到尾的装配工作。还有一种是类似流水线的装配模式，一是装配的产品不动，人在工位之间流动，二是装配工保持在一个特定的位置，产品在工位间进行流动。不管是何种装配形式，最关键的是工位的划分。工位的划分，首先需要计算装配的节拍，然后根据装配的节拍以及装配的总流程时间，以装配总流程时间除以装配节拍，得到理论上的工位数量或操作工的数量。再根据一定的规则，对装配的工位进行作业的分配，决定哪些作业进入相应的工位，由各工位所需人数及工位数累计计算得到人力资源配置数。

通过人员配备和组织形式的变革，可以减少人员及设备配备数量，显著提升生产能力和生产效率。操作者水平提高，人员培训速度加快，员工的主人翁意识提升，强化了团队氛围。

（4）结合单元特点构建"自主创新＋团队协作"特色文化

制造单元强调团队作业理念。团队自信心是制造单元实施成败的决定性因素。制造单元是生产模式的变革，与传统制度、思想的冲突在所难免，需要有自主创新的精神。实施中可能遭遇挫折，其本身的优势也可能一时难以发挥。但制造单元的优势在未来，不能因遇到问题而加以否定。思想决定行动，有自信心，遇到困难时才能找到原因而不是找借口。制造单元文化主旨是团队精神，因此从战略层、管理层及执行层都要有强大的信心，敢闯敢干的决心，而信心的来源是不断地强化宣贯单元特点及优势，强化共同愿景，增强责任感、使命感及成就感。

4.2.2　考核与激励

航天制造单元考核与激励包括绩效度量方法、薪酬分配制度、奖惩激励措施等内容，涉及员工的收入、待遇等切身利益。考核方式是否适应单元制造模式团队作业的特点直接决定了制造单元能否成功应用并长期运行，单元员工的个人考核结果与单元完成的任务量、质量水平、应急表现等整体情况紧密关联。主要包括以下三方面。

（1）建立单元整体考核方式

单元生产的开展实施，既需要充分发挥个人能力，又需要团队的充分合作。建立单元整体考核制度，要将集体和个人的综合评价有机结合，一方面要体现团队的合作，另一方面要体现个人工作成绩。制造单元的考核管理与现有大多数航天企业所普遍采用的以工时核算为主的方式有所不同，需要从单元团队作业、风险共担、利益共享的特点出发，转变考核方式。把工艺员、检验员、工人等单元内员工作为一个整体进行考核，建立批次合格率累进奖机制，充分发挥自检和互检作用，激励单元成员提高质量素养。单元内不按传统的工时制核算和考核，制定制造单元考试激励制度，制造单元人员根据角色进行项目考核分配。

根据单元的具体情况，可以采用的考核方式有：以完成合格品数量考核的计件方式；将一定任务数量统一定价的打包定价方式；将作业任务通过时间研究、动作分析等手段分解为标准操作与标准工时再予以综合的方式；系统考查合格品量、次品率、成本消耗等指标的多因素加权考核等方式。

（2）建立"一人多工位"激励制度

车间根据制造单元特性研究"一人多工位"工作量定额方法、薪酬分配方法，建立"一人多工位"的薪酬制度。在单元制造生产模式下，员工的劳动积极性和能力被更好地激发出来，工作效率得到很大的提升。生产单元中的信息系统可以对一线员工的工作量和单元本身的效率进行准确的统计。通过分析数据信息，从员工完成同样工作任务及产品的速度、掌握的工序数量、生产产品的质量等多方面建立考评激励制度。并根据生产现场的成绩及时给予奖励和职务任用。同时，在以工作量为核心的考评激励制度中，要考虑继承性，参考应用生产单元前的原有工时量并做系统性的调整。

（3）建立多角度评价体系

单元班组建设评价从班组制度建设及管理、员工能力、岗位配置、培训体系的成熟度等多方面设置评价指标，引导单元加强内部的日常管理、人员培训、多能工培养等多方面的业务，并将评价打分结果分级。

在日常对班组管理和制度的执行情况进行评价，如制度是否完备、执行度如何、6S检查是否合格、有无安全事故和隐患、有无保密违规事件等。

在员工能力方面，根据每位员工能掌握的岗位工作的数量进行评价，掌握数量多的打分高。可根据实际情况划分为4个级别。

在单元班组中每个岗位的配置情况也可以作为评价的指标，如每个岗位是否有多人可以担任，在该岗位的员工无法上岗时，是否有其他员工可以随时替代。

从培训计划、培训教材、培训制度、培训考核等方面，根据培训体系的完整程度来划分级别，如计划是否详细、教材是否充分、制度是否完整等。

根据员工对培训内容掌握的程度，也可将员工能力分为四个级别，如可分为培训中、基本掌握、完全掌握、传授他人。

4.3　航天制造单元的评价与改进

4.3.1　评价指标体系设计

航天制造单元评价通过对评价方法与评价指标的不断探索与实践，从建立关键指标入手，不断扩展对单元构建效果和运行性能的量化评估范围，尽可能以客观数据反映单元应用效果，及时对单元进行系统、科学、实时的评价，以利于对单元现状的准确了解，提早发现问题，及时进行修正，以便为制造单元的设计构建和调整优化提供依据。

（1）评价指标体系的设计原则

航天制造单元评价指标体系的设计必须遵循一系列设计原则与构建要求，以确保其科学性和适用性。考虑到航天企业具有其独特的行业特征和工艺特点，设计航天制造单元评价指标体系时应遵循如下原则。

1）系统性原则。评价指标之间应具备一定的逻辑关系，以准确反映制造单元的主要特征和状态。指标体系应该是一个多层次的结构，从宏观到微观、自上而下、层层深入，形成一个不可分割的评价体系。

2）典型性原则。评价指标必须具备代表性，能够准确反映特定航天制造单元的共性特征，如批产能力和高质量、高可靠性要求等。此外，指标体系的设置、权重分配以及评价标准的划定都应与航天制造单元相适应。

3）动态性原则。航天制造单元本身就是动态的，其工艺布局、物流系统和制造过程的运行管理都要随着产品、工艺要求、需求的变化而变化，需要设计体现动态性的指标，相关指标权重的设置也应该体现动态的特性。

4）科学性原则。指标体系的设计和评价指标的选择必须遵循科学性原则，能够客观真实地反映航天制造单元的环境、经济和发展特点，以及各指标之间的真实关系。评价指标既不能相互重叠，又不能过于简单，而无法准确反映航天制造单元的特征。此外，科学性原则还要求数据易于获取，并且计算方法简明易懂。

5）定性和定量相结合原则。定量指标能够具体、直观地用实际数值进行评估，通过量化的方式直接、清晰地呈现评价结果。然而，航天制造单元是一个复杂的多维系统，不能将所有反映制造能力的因素都纳入量化指标中。因此，我们需要设计定性指标来反映这些因素，以保证评价指标体系的全面性和准确性。为了实现这一目标，我们应该遵循定量指标与定性指标相结合的原则。

6）适用性和可行性相结合原则。建立指标体系时，需要确保指标的概念明确、直观，便于计算和收集相关数据，并且指标的数量适度。指标过多会增加评价的精确性，但也会增加统计和计算的复杂性，难以操作；而指标过少则可能忽略重要的评价因素，缺乏适用性。在设定指标时，需要综合考虑适用性和可行性，以便既能反映制造能力的实际情况，又方便进行统计和计算。

（2）评价指标选取方法和流程

为了科学地选择评价指标，需要综合考虑多个方面。一方面，应该借鉴相关研究成果，参考其指标选取的原则、方法以及具体指标。另一方面，也要结合评价对象的特定结构、功能以及其他特性，从多个角度出发，选择能够全面反映研究对象特点和本质内涵的指标，以科学、公正地进行评价工作，并确保选取的指标具有合理性和可行性。

①指标选取方法

指标选取方法包括专家调研法和客观分析法两大类。专家调研法通过专家的经验和知识，确定评价指标，并最终由评价者和相关专家共同确定。然而，这种方法的结果在一定程度上带有主观性。相比之下，客观分析法涵盖了最小均方差法、极小极大离差法、相关系数法、理论分析法和频度分析法等多种方法。通过梳理和统计数据，可以较为客观地进行指标的综合和筛选。然而，客观分析法的前提是对被评价事物的发展内在机理有清晰的认识，并且需要通过人工调研获取评价对象的数据。因此，完全实现指标选取的客观化仍然具有一定的挑战。

②指标选取流程

指标选取的流程可以分为以下三个阶段。

　　第一阶段，通过文献分析和指标筛选，首先对国内外大量相关研究成果进行广泛调研。在研究文献中，细致地统计分析、比较和综合各种评价指标，选择那些被广泛应用且具有针对性的指标，并将其构建成一个完整的评价指标汇总体系。此外，还需结合航天企业的生产过程以及影响其制造能力的关键因素等，对这些指标进行初步筛选，挑选出与企业制造能力相关的指标。

　　第二阶段，依据专家意见，初选指标。结合与专家深入讨论的意见建议，探讨初选指标的适宜性和可操作性等特点，并对部分指标进行添加、删除和修改。

　　第三阶段，运用相关性分析手段，将复杂的决策过程简化为一系列决策因子相互之间的简单比较过程。同时，结合专家智慧，综合比较结果，对这些指标进行最终的筛选。

　　（3）航天制造单元评价指标体系

　　根据航天制造单元的特点，依据评价指标体系设计原则，并根据评价指标选取的方法和流程，研究提出面向航天制造单元的评价指标体系。该指标体系包括生产制造能力和组织管理能力 2 个一级指标，产能、加工制造周期、生产成本等 12 个二级指标，以及设备工装通用化、产品合格率、团队组建速度等 14 个三级指标。具体航天制造单元评价指标体系如图 4 - 2 所示。

　　上述评价指标中，既有定量指标，也有定性指标。其中，定量指标的数值根据相应的公式计算得出；同时为了使定性指标能与其他定量指标相结合，也需要将其进行定量化和规范化处理。

　　（4）航天制造单元生产制造能力评价指标

　　航天制造单元的生产能力评价指标涵盖了多个方面，其中包括产能、加工制造周期、生产成本、设备柔性、工艺柔性、物流柔性、生产工人柔性以及产品质量 8 个二级指标，这些指标在评估航天制造单元的过程中起到关键作用。其中，设备柔性、生产工人柔性等二级指标又可分解为若干三级指标。

　　①产能

　　产能是指制造单元在一定时间（如 1 年、1 个月）内可能达到的最大生产能力，其衡量指标可用生产某种零部件或产品的数量来表示。

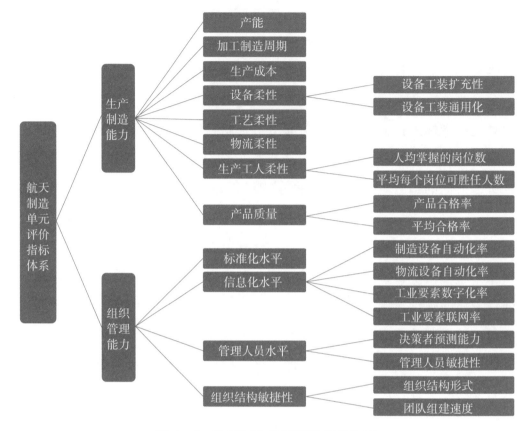

图 4 - 2　航天制造单元评价指标体系

②加工制造周期

加工制造周期是从时间的角度来评价单元的生产制造能力。一般加工制造周期等于生产准备时间、零件/部件/产品生产制造时间之和。具体加工制造周期计算公式为

$$T = t_1 + t_2 \tag{4-1}$$

式中　t_1——生产准备时间；

　　　t_2——零件/部件/产品生产制造时间。

③生产成本

生产成本包括生产产品所需的各项费用，通常由直接材料成本、直接工资成本、制造费用和其他费用组成。生产成本计算公式为

$$C = C_1 + C_2 + C_3 + C_4 \tag{4-2}$$

式中　C_1——直接材料成本；

C_2 —— 直接工资成本；

C_3 —— 制造费用；

C_4 —— 其他费用。

④设备柔性

设备柔性是指单元中加工设备适应加工对象或加工任务变化的能力，这种能力为制造单元快速响应变化提供了强有力的基础。一般设备的柔性可通过 2 个三级指标，即设备工装扩充性和设备工装通用化来综合表示。

其中，设备工装扩充性是指同一类工装通过增加模块或简单改造可满足其所不支持的未来功能的能力，使之能提供稳定、健壮、可扩展的服务。设备工装通用化是指同一类工装能为尽可能多种类的零件或产品所共用的能力，同一类工装可适用的零件或产品种类越多，其通用化程度就越高。

设备工装扩充性、设备工装通用化 2 个三级指标一般可按照其程度大小不同分别赋予 0～100 之间的值。

⑤工艺柔性

工艺柔性是指单元能以多种方法加工某一族工件的能力，是实现工件实时处理、减小生产批量、降低库存成本的重要能力，其衡量指标是不采用成批生产方式而同时加工的工件品种数。

工艺柔性按照可同时加工工件数量的多少分别赋予 0～100 之间的值。

⑥物流柔性

一个工件从毛坯到成品的整个生产过程中，有大部分时间消耗在物料的储运过程中。物料储运系统的合理应用，可大大减少物料的运送时间，缩短生产周期，减少在制品库存。制造单元的物流柔性的计算公式为

$$MF = t/T \qquad (4-3)$$

式中　MF —— 物流柔性；

　　　t —— 生产准备时间；

　　　T —— 生产周期。

⑦生产工人柔性

在航天制造单元中，生产工人是不可或缺的关键要素，他们直接参与产品

的生产过程。生产工人对于环境的变化有着极高的适应能力，而这种适应能力对于生产流程的正常进行至关重要。实际上，生产工人的适应能力最终体现在他们能否在不同的岗位之间灵活转换工作。当生产工人掌握了多样的岗位技能时，他们就具备了在不同岗位之间的较强转换能力。因此，可以通过 2 个指标来综合评估生产工人的柔性：一是人均掌握的岗位数，二是平均每个岗位可胜任人数。

人均掌握的岗位数计算公式为

$$M_f = \frac{\sum\limits_{i=1}^{n} L_i}{n} \qquad (4-4)$$

式中　M_f ——制造单元中平均每个工人掌握的岗位数；

　　　n ——单元的生产总人数；

　　　L_i ——第 i 个人已掌握胜任的岗位数。

平均每个岗位可胜任人数的计算公式为

$$M_F = \frac{\sum\limits_{i=1}^{m} P_i}{m} \qquad (4-5)$$

式中　M_F ——制造单元中平均每个岗位可胜任的人数；

　　　m ——单元的岗位总数；

　　　P_i ——可胜任第 i 个岗位的人数。

⑧产品质量

火箭、卫星等典型航天产品多在恶劣的环境下长期工作，因此，航天产品质量是非常关键的。一般产品质量可用产品合格率和平均合格率 2 个三级指标综合表示。

产品合格率的计算公式为

$$E_i = A_i / T_i \qquad (4-6)$$

式中　E_i ——制造单元中第 i 个产品的平均合格率；

　　　A_i ——单元中第 i 个产品的合格数量；

　　　T_i ——单元中第 i 个产品的总数量。

平均合格率的计算公式为

$$\bar{E} = \frac{\sum\limits_{i=1}^{m} E_i}{m} \tag{4-7}$$

式中　$\bar{E}$ ——制造单元生产的所有产品的平均合格率；

　　　m ——单元生产产品的类别数量。

（5）航天制造单元组织管理能力评价指标

为保证航天制造单元的高效运营，必须采取一定的管理方法和支撑手段。航天制造单元组织管理能力评价指标包括标准化水平、信息化水平、管理人员水平、组织结构敏捷性 4 个二级指标。信息化水平、管理人员水平、组织结构敏捷性等指标又包括若干个三级指标。

①标准化水平

标准化水平是指制造单元作业流程、质量控制、工艺管理、安全生产、环境控制等方面的标准化制度化水平。该指标一般可按照其标准化程度大小不同分别赋予 0~100 之间的值。

②信息化水平

一般来讲，企业的信息化水平越高，就越有利于高效管理运营。信息化水平由制造设备自动化率、物流设备自动化率、工艺要素数字化率、工艺要素联网率等三级指标来综合表示。

制造设备自动化率是指制造单元中自动化设备数量与总设备数量之间的比值，其计算公式为

$$\mathrm{ER} = \frac{\mathrm{AN}}{\mathrm{TN}} \tag{4-8}$$

式中　ER——制造设备的自动化率；

　　　AN——制造单元中自动化设备的数量；

　　　TN——单元中设备的总数量。

物流设备自动化率是指在制造单元中，转运、仓储、上下料等物流环节中，自动化物流设备数量与物流设备的总数量之间的比值，其计算公式为

$$\mathrm{LER} = \frac{\mathrm{ALN}}{\mathrm{TLN}} \tag{4-9}$$

式中　LER——物流设备的自动化率；

　　　ALN——制造单元中自动化物流设备的数量；

　　　TLN——单元中物流设备的总数量。

工艺要素数字化率是指制造单元中与制造活动相关的各类要素，一般包括人、机、料、法、环等使用数字化定义且能够被机器识别的比例，其计算公式为

$$PER = \frac{DEN}{TEN} \tag{4-10}$$

式中　PER——工艺要素数字化率；

　　　DEN——制造单元中数字化工艺要素的数量；

　　　TEN——单元中工艺要素的总数量。

工艺要素联网率是指制造单元中与制造活动相关的各类要素接入工控网、物联网等的数量与总数量之间的比值，其计算公式为

$$NER = \frac{NEN}{TEN} \tag{4-11}$$

式中　NER——工艺要素联网率；

　　　NEN——制造单元中联网工艺要素的数量；

　　　TEN——单元中工艺要素的总数量。

③管理人员水平

管理人员水平是指他们能够根据既定目标确定自身任务，进而影响其所在领域甚至整个企业制造水平的能力。这一评价指标综合考量了决策者的预测能力和管理人员的敏捷性。

一般情况下，决策者的预测能力和管理人员的敏捷性可以用 0～100 之间的值来表示，以反映其预测能力或敏捷性的大小。

④组织结构敏捷性

组织结构是经营管理工作的基础，直接影响着航天制造单元运营管理。一般，组织结构敏捷性由组织结构形式和团队组建速度 2 个三级指标来综合表示。

根据组织结构形式扁平化程度的不同，可以使用 0～100 之间的值来对组

织结构形式进行评价。

团队平均组建时间计算公式为

$$\bar{T} = \frac{T}{n} \qquad (4-12)$$

式中　$\bar{T}$ ——平均组建时间；

T ——一定时间内组建团队所需时间；

n ——一定时间内组建团队的次数。

4.3.2　综合评价方法

评价航天制造单元的指标可以分为定量和定性两大类，每个指标对综合评价的贡献程度不同。因此，在建立和应用评价模型之前，需要对这些指标进行预处理。

（1）评价指标的预处理

①评价指标类型的一致化

正指标指的是取值越大越好的指标，如产能、产品合格率等指标。

逆指标指的是取值越小越好的指标，如加工制造周期、生产成本等指标。

对于体系中的指标，如果是正指标，可不予处理，进行无量纲化即可。对于逆指标应首先将它们转换为正指标，然后再无量纲化。对于逆指标（设为 X），经变换转换为正指标 X'，即取 $X' = \dfrac{1}{X}$。

②评价指标的无量纲化

无量纲化是指通过数学变换来消除原始指标量纲影响的方法，也称为指标数据的标准化或规范化，是进行指标综合评价的前提。在对指标进行无量纲化后，得到的数值被称为指标评价值，这是将指标的实际值转化为评价值的过程。由于指标实际值的变化引起指标评价值的变化是一个相应的比例变化，因此选择直线型无量纲化方法。此外，为了在综合评价时统一各指标的评价值，将其转化为百分制得分。

$$各指标百分制得分 = \frac{各指标评价值}{各指标评价值之和} \times 100\% \qquad (4-13)$$

③定性指标的量化

对于主观指标或定性指标，也需要将评判结果进行量化处理，以便与其他指标的评价值一起进行综合。这个量化结果由专家根据评价标准、实际情况和个人经验进行评判后得出，对应的打分范围为 0～100 分。

④评价指标权重的确定

权重评定是对每个评价指标的相对重要程度进行评价和决定。评价指标的权重如何确定，直接影响到综合评价及排序的科学性和合理性。权重的确定方法有多种，具体选择方法要根据评价对象的特点和方法本身的特点来决定。对于航天制造单元而言，由于其评价指标体系是一个多层次的框架结构，涉及的指标数量较多，同时既有定性指标又有定量指标。因此，采用定性定量相结合的综合集成方法，即层次分析法（Analytic Hierarchy Process，AHP）来确定多级指标的权重。层次分析法采用两两比较的方法，将专家的定性评价转化为定量评价，是处理开放的复杂巨系统的有效方法。采用多级权数有两个优点：首先，在分级确定权数时，每一级指标的数量大大减少，使得权数确定变得简单且更容易合理化；其次，权数的大小不受分级指标数量的影响。如果指标数量较多，每个指标的权数会变得很小，从而难以准确反映指标间的重要程度。而通过分级确定权数，每个层次内的指标数量较少，且更容易确定重要程度差异。

具体的做法是：首先确定一级子系统中各指标在整体评价中的权重；其次确定二级子系统中各指标在其所属一级指标中的权重；最后确定三级子系统中各指标在其所属二级指标中的权重。

第一步，结合航天制造单元评价指标体系，构建层次结构模型。

第二步，构造各级判断矩阵。

第三步，计算各层权重并检验一致性。

（2）评价方法的选择

在确定评价指标和标准之后，需要采用科学的评价方法来对这些指标和标准实施和运用，以获得公正的评价结果。通过评价，不仅可以对航天制造单元进行定量评价，还有助于发现单元的弱点和薄弱环节。

根据目前的发展情况，多指标综合评价可以划分为三大类方法：常规数学方法、模糊学方法和多元统计分析方法。在这三类方法的应用中，根据不同的应用对象形成了各种具体方法。表 4 - 1 分析了这些方法的特点和适应性。

表 4 - 1　常用综合评价方法

名称	评价方法	优点	缺点
层次分析法	通过指标之间的两两比较，对系统中各指标予以优劣评判，并利用评判结果来综合计算各指标的权重系数	定量与定性相结合，适合确定权重，误差小。能够很好地处理多准则决策问题	评价对象不能太多
灰色系统评价法	根据序列曲线几何形状的相似程度来判断其联系是否紧密，曲线几何形状越接近，则发展变化态势越接近，相应序列之间的灰色关联度就越大	计算量小，对数据要求低	不太精确
模糊综合评价法	是用隶属函数来描述差异的"中间"过渡。可以分层次进行评判，适合内容复杂、结构层次多的事物评价	具备可扩展性，符合现代管理中"柔性管理"的思想，可较好地解决评价中的模糊性及层次性	计算复杂，不能解决评价指标间的信息重复问题。权重不是评判过程中伴随生成的，需要确定权重
主因素分析法	将多个指标化为少数指标的一种统计方法	全面性、可比性	需要大量数据
人工神经网络	模仿人脑神经网络的结构和行为建立的一种智能信息处理网络模型。每个节点都是一个独立的处理单元，通过连接接收信息，对信息进行处理及输出	具有自适应能力、可容错性，能够处理非线性、非局域性与非凸性的大型复杂系统	精度不高，同时需要大量的训练样本
基于粗糙集理论的评价方法	利用粗糙集理论建立属性的约简，从决策表中去除冗余属性，从约简的决策表中产生决策规则，利用规则对新对象进行决策	处理模糊性和不确定性，客观性高	处理较复杂，工作量大

由于设计的航天制造单元评价指标体系是一个多层次指标体系，且指标数量多，既有定性指标又有定量指标。结合各种评价方法的特点，充分利用模糊综合评判法和层次分析法的优点，通过建立基于层次分析法的三级模糊综合评判方法，可实现航天制造单元的客观量化评价。

4.3.3　综合评价与持续改进

基于航天制造单元评价指标体系及评价方法，通过在内部采用层次分析法对航天制造单元相应指标进行分析计算，面向航天制造单元的生产制造能力和组织管理能力，加权形成航天制造单元综合评价指数，通过评价指数实现对航天制造单元的综合评价。

通过对航天制造单元的综合评价，可以识别单元存在的短板弱项，并从单元效益、技术能力、管理水平、单元柔性等方面对单元进行持续改进，具体改进方向和措施如下。

（1）进行经济测量与分析，提升单元效益

研究和应用经济测量与分析技术，对布局优化、流程再造、系统重构、设施改善等方面的成本、收益进行分析与测算，对风险进行经济评估，为决策提供经济上的衡量指标，促进生产运作和经营管理更紧密地结合，使得单元生产、物料、人员等成本核算，以及方案、计划等的技术经济分析更为方便、准确，为单元建设效益的发挥提供更有说服力的支持，为单元的进一步改进指出明确的方向。

（2）提高技术能力与管理水平，促进单元持续优化

深化和提炼与单元的具体软硬件能力相结合的生产经验、操作窍门、工作绝活等，促进和推动与现场条件紧密契合的技术能力的发展；通过应用编码标识、规范作业、自动化采集等方法和手段，提高现场实物信息管理的精细化程度；建立单元的自我完善机制，通过现场观察和记录、定量分析和系统仿真等技术，以及合理化建议、内部交流、劳动竞赛等活动，形成积极进取、良性竞争的氛围，实现单元的不断优化和改进。

（3）增强快速重组能力，推动单元应用推广

研究和应用单元的快速重组技术，增强模块化、可扩充性、可互换性、可定制性等，提高单元快速重组能力和生产柔性；在单元任务不足或消失时，在充分考察任务趋势的基础上采取撤销、合并、重组等方式实现资源的再利用。

根据企业的发展需要和任务要求，制定单元生产能力调整和扩展规划，通

过单元能力的不断提高实现企业能力的持续提升；在典型产品制造单元应用的基础上向更大范围推广，通过单元制造模式的深入推广应用促进企业生产系统的不断发展。

4.4　小结

本章深入研究了航天制造单元运行与评价的理论。首先从生产运作、文件与数据、质量保证、环境与安全四方面详细介绍了航天制造单元的运行管理模式，从人员与组织、考核与激励两方面介绍了航天制造单元的组织管理模式。其次，介绍了航天制造单元评价的思路及作用，阐释了航天制造单元评价指标体系的设计原则和评价指标选取的方法流程，从航天制造单元生产制造能力和组织管理能力两大维度设计了评价指标体系，并介绍了航天制造单元的综合评价方法，最后通过对航天制造单元的综合评价，识别单元存在的短板弱项，并从单元效益、技术能力、管理水平、单元柔性等方面提出单元持续改进的方向和措施。

参 考 文 献

［1］ 王国庆，胡新平，刘欣，等．传动组件制造单元在首都航天机械公司的实践（制造单元系列之二）［J］．航天制造技术，2006（1）：3-7．

［2］ 刘继红，余杰，朱玉明，等．基于制造物联的航天产品研制过程的技术状态控制技术［J］．计算机集成制造系统，2015（7）：117-125．

［3］ 周平来，刘胤，尉世厚，等．太阳翼基板单元制造模式实践研究［J］．航天制造技术，2012，176（6）：4-7，3．

［4］ 安蔚瑾．面向大批量定制的企业定制能力评价及定制诊断研究［D］．天津：天津大学，2010．

第5章　航天制造单元典型实践案例

航天制造企业积极探索构建适合航天产品特点的以制造单元为核心的制造模式，结合盘环零件、传动组件、伺服舱、太阳翼基板、铆接舱体、氢氧发动机、贮箱等瓶颈产品，优化了产品生产流程，调整了工艺布局和资源配置，形成了单元制造模式，在不大幅度增加制造资源的情况下，解决了航天典型产品生产瓶颈，提高了产品质量的稳定性，提升了生产效率和生产能力，满足了型号任务对典型产品的需求，形成了各具特色的实践成果。

5.1　盘环零件制造单元

5.1.1　背景与需求

某航天制造企业生产数十种发动机所需的金属壳体及喷管金属件、非金属壳体金属件、大型精密工装模具和直属件。型号研制和批产任务不断增加，临时和新增交付任务所占比例越来越大，以各型号柔性接头增强件、法兰零件、收敛段类产品为代表的盘环零件的制造和交付给工厂带来越来越大的压力。长期研制任务形成的传统生产组织模式在多品种、变批量的任务需求下，呈现出了任务分工不集中、产品工序流动不顺畅、资源调配不合理等问题。为提高产品生产效率，满足生产进度需要，该企业多年来努力增加数控加工设备的数量。从10多年的实践来看，单纯地投入数控加工设备，对提高生产能力所带来的贡献是有限的。单元制造不只是加工设备的提升，更重要的是制造模式和管理模式的转变，通过制造模式的改变，使同类零件由分散加工向成组加工转变，达到提高生产效率的目的。

5.1.2　构建实施

5.1.2.1　实施目标

针对盘环类零件制造流程特点，从工艺布局、人员组织调整、产品工艺优化、班组管理等方面开展工作，建设制造单元。制造单元生产方式定为"单班＋少量加班"，主要加工对象为柔性接头增强件、前后法兰零件和典型型号收敛段、前接头、后接头、封头、铝裙、圆筒旋压毛坯等，实现年当量为柔性接头金属件 500 件、收敛段类零件 200 件的生产能力。

5.1.2.2　构成要素

盘环零件制造单元所涉及的构成要素分为人员组织、设备管理、物流管理、信息集成管理、工艺管理、生产管理和质量管理七个方面。

（1）人员组织

盘环零件制造单元的人员在型号研制现有工艺技术及操作人员的基础上进行厂内调配。制造单元的工艺人员主要职责是开展典型零件工艺流程梳理与优化、工艺文件编制、工艺装备设计、工艺技术协调，使工艺设计和工装设计逐步达到专业化水平。生产计划及调度人员不单独指派，仍由主管计划和调度人员负责。设备操作人员选用有盘环产品加工经验的人员，并逐步提高在典型零件加工方面的专业技能水平。产品检验由指定的专人负责。

（2）设备管理

制造单元内设备满足产品加工需要，并能预留一定的加工能力，以满足后期随着加工任务量增多、更多同类产品进入单元内加工的需要。良好的设备状态是制造单元顺利运转的基本保证。设备的定期保养、维护由班组统一管理，保证单元内设备在班组的可控范围内，并保持良好的运行状态。

（3）物流管理

制造单元内要有效减少物流等待时间。按照产品物流距离最短的原则进行设备布局，减少产品搬运占用的时间。减少运料车等设备等待时间，提高物流效率。

（4）信息集成管理

制造单元内数控加工设备配备分布式数控（DNC）系统，并与企业级协同产品研制管理系统（AVIDM）、计算机辅助工艺规划（CAPP）系统连接，实现数控程序快速传递，工艺规程和图样现场电子浏览。

（5）工艺管理

制造单元内工艺文件在 AVIDM、CAPP 系统中完成编制和流程审批。数控加工程序经仿真模拟后通过单元 DNC 系统传输到数控加工机床。

（6）生产管理

制造单元内产品流转采取单件流转和批量流转相结合，单元内任务排产由班组长确定。班组长根据产品进度要求和设备运行情况灵活调整。在制品在整个生产过程中保持流动，设备始终保持最佳运行状态，单元内机床开工率均衡。车间调度员需按计划提供产品来料、准备工装和运走成品。

（7）质量管理

产品质量管理追求事前预防。采取操作者自检，工序间互检，单元内工序完成后由检验员专检的方式。班组定期召开质量分析会，对班组质量情况讨论分析，形成具有制造单元特点的质量管理模式。

5.1.2.3　实施过程

按零件的结构特点和加工过程的相似性形成零件族，针对成组化的零件族建设制造单元，设计成组工艺，以成组工序的集合实现操作的标准化和规范化。在制造单元内，班组成员在特定单元区域内负责相对集中和完整的生产流程，利用相对集中的资源，采用成组化的工艺流程完成零件加工，将"单件生产"转化为"近似批产"，提高生产效率。在制造单元内，操作者并非严格固定在一个位置或某台设备上进行单一的重复操作，而是以技能专业化为目的，掌握单元内不同类型设备的操作方法，以便根据任务需要安排在不同的单元设备操作岗位。具体而言，盘环零件制造单元实施包括制造单元设备布局实施、DNC 实施、工艺装备改进、数控机床加工刀具优化、班组管理、数控加工管理规范化、制造单元人员调配、单元内产品质量检验等环节。

（1）制造单元设备布局实施

按照单元化理念进行设备设施布局如图 5-1 所示，收敛段壳体工序和增强件工序平均加工时间、各工序消耗时间、主要环节消耗时间均缩短，如图 5-2～图 5-4 所示，盘环零件制造单元的加工效率得到提高。生产要素提高的主要因素在于生产准备、产品物流、工序检验三个方面。

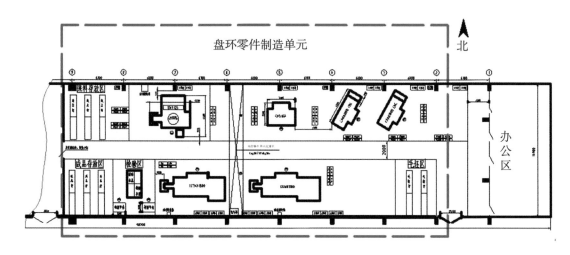

图 5-1　盘环零件制造单元设备分布规划图

由于制造单元承担的为多品种、变批量生产任务，许多预研型号的单件产品加工任务也由单元完成，单件产品的加工时间较长，使制造单元无法按照固定节拍来安排生产。根据任务情况，班组长随时调整派工，尽量保证各设备运行均衡。

（2）DNC 实施

制造单元内配置了 CAD、CAE、CAM、CAPP、AVIDM 软硬件，配置了 DNC 系统硬件和软件，配备了 6 台数控加工设备。数控程序实现受控传递和版本管理。

（3）工艺装备改进

实施单元制造后，根据收敛段壳体的加工特点和变形特点，工艺人员改进工艺圆台轴向装夹工装，通过不同尺寸的定位端面和定位挡块实现收敛段壳体半精加工、精加工同时定位的要求，单种产品不同工序可采用同一数控车床工装。

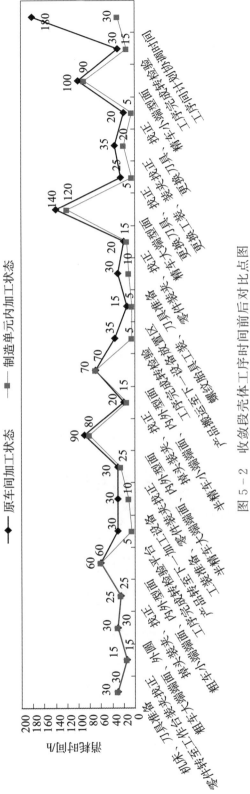

图 5 - 2　收敛段壳体工序时间前后对比点图

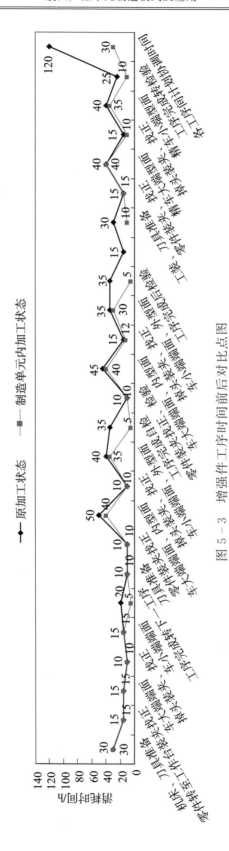

图 5－3　增强件工序时间前后对比点图

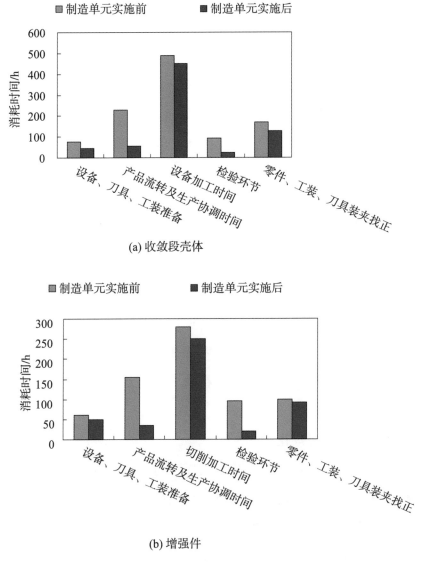

(a) 收敛段壳体

(b) 增强件

图 5-4　实施制造单元模式前后主要环节消耗时间汇总分析对比图

（4）数控机床加工刀具优化

加工收敛段壳体时，选择先进刀具，通过加工试验优化工艺参数。在数控刀具的选用中，CK516A 有 6 把刀具的转塔刀位，若装 6 把刀具会产生干涉，因此在转塔刀位上安装 4 把刀具，可以满足内、外型面精加工及螺纹加工的需要。

（5）班组管理

盘环零件制造单元重视班组建设，推进工艺专业化、操作专业化和具有班组特色的文化建设。具体开展的班组管理举措如下。

定期开展成组制造单元工艺方法研讨，逐步形成数字化和成组工艺技术研究的氛围。针对每一次发现的新问题、新瓶颈或者新的工艺创新点均以工艺专题会的形式展开讨论研究，积极鼓励工艺人员的技术创新。

设置技能光荣榜和技术创新看板，定期更新。专门设置创新点子留言板，如果操作人员对某道工序的加工有质疑或者好想法，均可在留言板中陈述。定期总结加工技术，提高整个班组操作人员的技术水平和精益求精的工作意识。

班组设质量看板，对加工过程中出现的质量问题及时通报，对批次加工质量好的个人给予表彰和奖励。每周召开面向质量的班组分析会，讨论遇到的质量及管理问题。

班组以提高效率就是降低成本的思想开展班组成本工程工作。通过优选刀具，针对不同产品、不同材料进行试验后选用性价比较高的刀具、刀片，减少了刀具和刀片的使用量。在延长刀片使用寿命方面，班组采取的措施是精加工出现磨损的刀具或刀片用于半精加工或粗加工。班组刀具使用成本降低。班组内设备维护由专人负责。

（6）数控加工管理规范化

制造单元内针对各型号产品的关键工序制订了精加工标准操作规程，并制订了操作确认单及数控加工程序确认单，以落实规范操作、工序内容可控。

（7）制造单元人员调配

制造单元的实施调整了工艺技术及操作人员数量。

主管工艺技术人员 3 名，具有柔性接头零件、收敛段类零件的主管经验，负责制造单元内零件工艺流程梳理与优化、工艺文件编制、工艺装备设计与优化、工艺技术协调管理。

生产计划及调度人员未进行专门指派和调整，由原型号主管人员继续负责。

单元内数控设备操作工共计 8 人，根据制造单元内任务量的变化和进度需要，进行倒班加工时，车间可为盘环组增调操作工。

质量部在车间检验组配备了 1 名专职检验员负责单元内产品的检验工作。

（8）单元内产品质量检验

产品关键、重要尺寸设立了工序中的停止点，由班组专人把关。增强件、法兰、收敛段壳体首件三检后才进行批量加工。加工过程中对关键、重要尺寸严格把关，随机进行产品抽检。单元内产品合格率得到了大幅提升。

5.1.3　应用成效

通过盘环零件制造单元的构建实施和落地应用，取得了诸多成效。

（1）操作工数量减少

单元建设之前，设备操作人员配备情况为每台 2 人，合计 12 人。单元内目前 6 台设备共有操作人员 8 名。

（2）设备数量减少

各车间分散承担产品加工时，3 个主要机加车间承担该类零件加工任务的设备总共有 10 多台。单元建成后只需 6 台设备就可满足新的生产纲领。

（3）产品质量提高

某类增强件在原车间加工时，17 套 119 件中有 9 件超差，超差项为 19 项，产品合格率为 92.5%。2010 年转入盘环制造单元后，目前已交付的 2 套产品没有超差项。针对某增强件研制初期合格率不到一半的情况，盘环单元组织了工艺攻关，合格率已经超过 95%，对比图如图 5-5 所示。

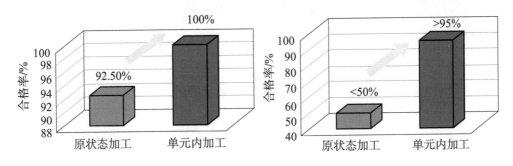

图 5-5　实施前后产品合格率对比图

（4）加工效率提高

盘环零件制造单元的构建实施大幅提升了零部件的加工效率。收敛段壳体机加过程的非切削加工工作时间所占比例由 54% 下降至 35%（图 5-6）；增强件机加过程的非切削加工工作时间所占比例由 60% 下降至 44%（图 5-7）。

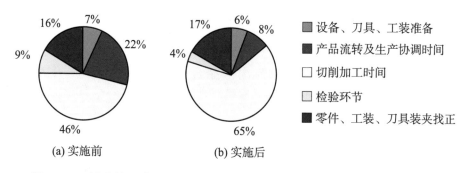

图 5-6　制造单元实施前后收敛段壳体机加工序各环节时间比例饼图

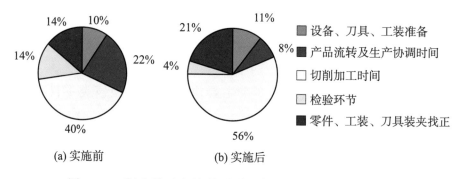

图 5-7　制造单元实施前后增强件各环节时间比例饼图

（5）工艺装备和刀具得到改进和优化

根据相似零件的成组特征，设计通用工装避免重复制造，选用先进刀具，在加工过程中部分省去工装反复装夹和单把刀具转换操作步骤，使用成组工装避免了多次安装定位、找正的问题。

（6）生产准备简化

由多个车间分别开展生产准备改为成组单元的生产准备，十几种结构相似零件集中加工，具备了盘环类零件快速交付的能力。

5.2　传动组件制造单元

5.2.1　背景与需求

随着国家对运载火箭需求的持续快速增长，生产任务量急剧增加。传动组件作为火箭空气舵里的重要组件，用量大、工艺复杂、材料难加工、制造周期长，多年以来一直不能按时完成任务，成为航天某制造企业的"卡脖子"产品。传动组件由轴套、摇臂、舵轴、锥销四个零件组成，如图 5-8 所示。

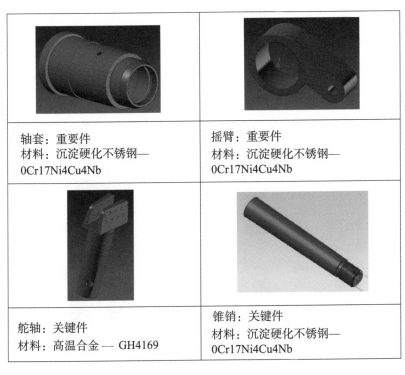

轴套：重要件 材料：沉淀硬化不锈钢— 0Cr17Ni4Cu4Nb	摇臂：重要件 材料：沉淀硬化不锈钢— 0Cr17Ni4Cu4Nb
舵轴：关键件 材料：高温合金— GH4169	锥销：关键件 材料：沉淀硬化不锈钢— 0Cr17Ni4Cu4Nb

图 5-8　传动组件零件图

另外，传动组件还有一个特点：各型号的传动组件除尺寸有所变化外结构基本相同，这就使传动组件制造单元不受某一具体型号限制，覆盖面更加广泛，任务量更加饱满。

5.2.2　构建实施

（1）工艺布局

在建立传动组件制造单元时首先遇到的就是工艺布局问题，一开始认为单元内的设备按工艺流程排列就可以了，后来发现简单按工艺流程排列设备有许多问题，例如：传动组件制造单元内有 4 种零件同时流动，到底以哪种零件的工艺流程布置设备？原有传动组件的制造设备是否全部纳入单元，设备纳入单元的依据是什么？单元内 4 种零件同时流动，势必会在某些设备上形成交叉，造成这些设备的负荷加重，如何解决这些设备的"瓶颈"问题？

针对上述问题，必须用科学的方法和手段进行工艺布局设计，实现单元的高效运行。为此，该制造企业总结出机械加工类单元工艺布局的八步法：1）确定产品零件族；2）优化工艺流程；3）绘制工艺路线图；4）绘制综合工艺顺序图；5）计算工序负荷；6）确定工序数量和排列；7）绘制单元工艺布局平面图；8）调整工艺路线图。

传动组件制造单元平面布局如图 5-9 所示，由于场地限制，该单元采用了双 U 型布局，上方区域主要负责零件的粗加工，下方区域主要负责零件的精加工，在下方区域中间设置钳工台、总检台和待转区等。原材料、产成品交接等工作主要在单元左边靠近通道处完成。

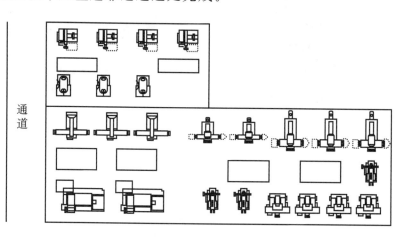

图 5-9　传动组件制造单元平面布局图

以前传动组件的加工设备分别隶属于 4 个不同的工段，每个工段只对自己承担的工作负责，管理链条比较长，大量时间浪费在产品的交接传递上。原来的设备布局采用机群式布置，把同一类设备放到一起，如车工工段、铣工工段、钳工工段等，零件需要在各工段间流转，物料路径太长，形成了大量无效劳动。另外，不同批次的传动组件可能是不同设备加工完成的，产品一致性不容易控制。传动组件制造单元将传动组件生产所需的人员和设备按加工工序重新布局，大大缩短了物流路径，提高了生产效率和加工质量。

在工艺布局过程中，对原有工艺流程进行了深入优化，把原来 32 个工序缩减到 17 个，有效地减少了设备和人员的需求，大幅提高了单元效率。

（2）生产组织

生产组织管理的首要任务是选择合理的生产流程。以前的生产流程是零部件在各工序间排队供应，按批量流转，常见的批量从几十件到上百件不等。传动组件制造单元变批量流转为单件供应。当然，真正的单件是最佳状态，一般只能做到小批流转，目前基本上是以 5 件为一批进行流转。一个生产件（小批）在各道工序之间流动，整个生产过程随生产流程的进行永远保持流动，在相邻工序之间基本没有在制品等待，生产效率大大提高，这就是常说的"流水生产"。

在单元"流水生产"过程中首先要解决同步问题，因为在不间断的连续生产流程中，必须平衡制造单元内每一道工序，尽量保证完成每一项操作的时间大致相同，前一道工序加工结束后立即转移到下一道工序，产品被一件一件、连续不断地生产出来。

保持生产同步的方法有多种，最常见的是通过"后工序领取"（也称为拉式生产）方式来实现，即"后工序只在需要的时候到前工序领取所需的加工品；前工序只按照后工序要求的数量和品种进行生产"。这样，最后一道工序成为生产的出发点，生产计划只下达给最后一道工序。后工序向前工序领取需要的加工品，前工序在提供该加工品后，为了补充生产被领取走的量，必然向再前一工序领取所需的零部件。这样一层一层向前工序领取，直至物料供应起点，把各个工序都连接起来，实现同步生产。

与拉式生产相反，还有"前工序传送"（也称为推式生产），前工序按照计划进行投产并向后工序传递，直至到达终点以实现生产同步。

在实践过程中，发现两种方式各有特点，其中拉式生产更适应于生产周期短、生产量大的零件加工，对于传动组件这种加工周期长、批量不大（一天生产 1~2 套）的产品来说，两种生产方式差距不大，考虑到传动组件制造单元还要满足新型号传动组件的研制任务，推式生产可能更符合多年形成的工作习惯。

（3）工艺管理

生产管理方式的变化带来工艺管理的变化。原来零件按批量流转时，零件的工艺规程随零件一起流转，同时规定生产现场不允许出现第二份相同的工艺规程。现在按流水生产方式运行时，每道工序都要看到自己的工艺规程，由于按规定不能出现多份工艺规程，目前把一份工艺规程拆开分发到相关工序使用。运行一年时间，此方法基本可行。由专人把工艺规程与生产任务关联后，操作者可以在计算机上查看个人生产任务和相关工艺规程。

（4）物流管理

传统制造模式的产品物流基本上由调度员负责，包括领料、零件工序间转移、制成品交付、准备工装等，操作者只负责刀具和工具的准备。由于制造单元大大缩短了工序间的流转路径和流转批量，使操作者自行传递产品成为可能。在每个工序设置了流转区，单元内的产品物流原则上由操作者实现流转。调度员只需要按计划提供原材料、运走制成品和准备工装。

（5）质量控制

操作者对自己加工的零件100％自检，下一道工序对上一道工序进行互检，检验过程被当成标准操作计入生产节拍，产品最后在制造单元的总检工位由专职检验员进行检验。在传动组件制造单元中，为了保证产品质量，针对关键工序保留了一个专职检验员和一个总检，在单元运行一段时间后择机撤销专职检验员。除此之外，相关的质量管理方法也有一些变化，如质控卡管理办法等。

（6）人员管理

制造单元的一个突出特点是单元的所有成员构成了一个团队，每位成员在这个单元中代表的不是一个独立的个体，而是一个统一的整体。一个成员的优劣直接影响着团队的优劣。团队中的所有成员都互相约束、互相激励，一个成员的生产出现问题就会造成团队的产品交付不出去，这在一定程度上取代了部分质量控制人员的工作，排除了一些产生质量问题的因素，并且往往是很难控制的因素，返工现象大大减少，团队的真正意义在于劳动利用率和产品质量的同时提高。

制造单元提高劳动利用率的关键还在于操作人员在节拍允许的情况下可以负责多个工位，即"多能工"，它打破了传统的"定员制"观念，创造出一种全新的方法来适应随生产任务而变化的弹性作业人数。不可否认，对于"多能工"存在比较大的争议，某企业在单元运行过程中进行了试验，一个操作工负责两台甚至更多的磨床或者线切割机是完全可能的，但是对于人员管理模式提出了新的课题。

（7）设备管理

良好的设备状态是制造单元顺利运转的基本保证。制造单元内的设备同样需要定期保养、预防保养、事后保养和改造保养等工作。保养一般安排在制造单元的工作间隙进行。

对于贵、大、精、稀设备，可以根据情况编入制造单元，但是要有灵活的机制进行协外工作；也可以不编入单元，制造单元需要时进行外协。另外，还可以把一台关键设备同时编入多个制造单元，但这就要求具备有效的多单元协同机制。

（8）信息化管理

信息化的方法和手段可以规范制造单元的管理和强化与外部的联系，可以进一步提高制造单元的柔性和效率。图 5-10 是计算机参与单元管理的典型硬件配置图。

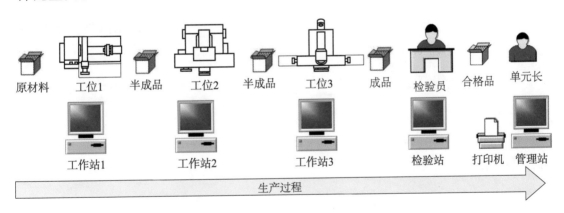

图 5-10 计算机参与单元管理的典型硬件配置图

图 5-10 设置了几个工作站、1 个检验站和 1 个管理站，工作站主要负责领取工作任务、工艺规程和图样的浏览、关键参数的录入、加工进度反馈、数控程序仿真和传输等工作。工作站一般按情况配备，可以几个工位共用 1 个工

作站，如果实现每个工位配 1 个工作站则可以通过计算机向前后工位申请零件，实现"电子看板"。

检验站负责管理产品质量信息，实现"电子合格证"管理等。

管理站负责把车间生产计划转化为制造单元日生产任务，并且向各工位下达，同时完成一天工作的汇总上报等工作。管理站还负责制造单元生产的零件信息录入、产品标识管理、工艺规程更改后打印换页、数控程序分配等工作。

信息化管理的一个重要内容是选择制造单元的管理软件系统，制造执行系统可以比较好地实现单元管理工作。

5.2.3　应用成效

传动组件制造单元的运行结果，在边干边摸索的情况下，效率达到原来的 4 倍。传动组件制造单元运行了一年时间后，效率提高稳定在 5 倍左右，消除了传动组件生产这个多年"卡脖子"的问题。通过传动组件制造单元的实践，使得向管理要效率体现在实处。

1）制造单元突破了原有的组织壁垒，缩短了物流路径，简化了管理环节，各工序间协调顺畅，大幅提升了生产效率。

2）人员设备相对稳定，减少了管理人员、辅助人员、机床数量，零件一致性好，产品质量大大提高。

3）传动组件制造单元对原有设备、人员、工艺方法和场地进行了调整，投资少，成效显著。

5.3　伺服舱铸造单元

5.3.1　背景与需求

伺服舱是关键的弹体结构件，铝质材料，通过铸造成型，具有用量大、结构特性复杂、工艺复杂和生产技术要求高等特点。根据航天某制造企业现有的铸造能力每周只能完成 2 件伺服舱的铸造工作，远远不能满足每周至少 5 件的批生产任务，伺服舱铸造成为该重点型号批生产过程的"卡脖子"环节。

该制造企业长期以来一直以研制生产为主，产品铸造过程也不例外，不论是从工艺流程、工艺布局方面看，还是从生产管理方面看，都是典型的研制型生产模式。另外，伺服舱铸造与机械加工不同，它是一个比较复杂的集体生产过程，工序之间的相互关系和影响比机械加工大得多。下面从工艺流程、工艺布局和生产组织三个方面对传统铸造生产过程进行分析。

（1）工艺流程

传统铸造生产需要经过许多道工序才能完成，各工序主要以串行模式为主，工序间的交接和等待时间非常长，存在着大量的无效劳动。传统工艺流程图如图 5-11 所示。

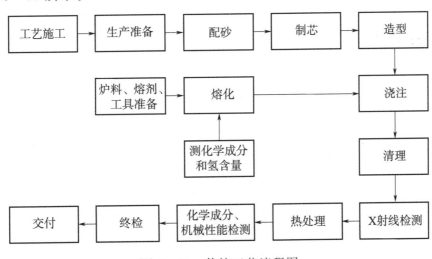

图 5-11　传统工艺流程图

（2）工艺布局

传统铸造车间的工艺布局如图 5-12 所示，由于不强调生产效率，一般都采用一个比较大的熔炉来熔化金属，集中为各产品进行浇注。为了充分利用熔化的金属，通常都会尽量加大每次浇注的产品数量，致使各产品之间的相互等待时间长、效率低。

（3）生产组织

按照传统的生产组织模式，车间内分为生产准备组、配砂组、制芯组、造型组等多个班组，各工序由不同的班组承担，工序转移要涉及大量班组交接工

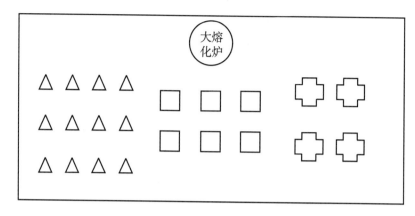

图 5-12 传统铸造车间工艺布局图

作，管理层次太多，管理链条太长，效率不可能提高。

5.3.2 构建实施

（1）优化流程

经过认真分析研究后发现，伺服舱铸造近 20 道工序中的熔化、制芯、造型和浇注是核心工序，其他是辅助工序。核心工序的效率直接决定着整体生产效率，铸造单元必须以大幅提高核心工序的效率为目标，剥离非核心工序。

为了采用单元制造模式提升伺服舱铸造的生产效率，尤其是大幅提升核心工序的生产效率，该制造企业对传统工艺流程进行了单元化改造，改造后的流程如图 5-13 所示。

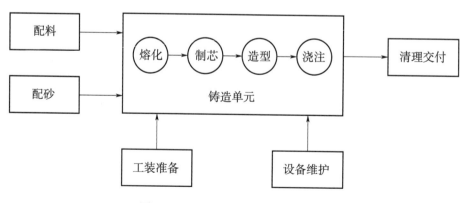

图 5-13 改造后的工艺流程图

改造后的工艺流程把熔化、制芯、造型和浇注 4 道核心工序集中纳入单元管理，彻底改变了传统的分组模式，消除了工序间的交接等待时间，大大减少了传统模式下多链条交叉作业的相互影响，因而大大缩短了管理链条，核心工序的生产效率得到大幅提升。

另外，配料、配砂、工装准备、设备维护和铸件清理等工序的通用性很强，不同的铸件生产对这些工序的要求基本相同，所以保留原有的配料、配砂、清理等为所有单元提供服务。

（2）改变组织方式

采用单元制造模式后，人员组织自然要发生变化。伺服舱铸造单元由 13名成员组成，包括 1 名单元长、1 名调度员、1 名工艺员、1 名检验员、1 名熔化工和 8 名造型工。从伺服舱铸造单元近一年的实践来看，这种安排还有很大的优化余地，例如，单元进入稳定生产后工艺员就没有必要全员参与，1 名调度员可以同时为多个单元服务等。

另外，在具体人员的选用上也有一些考虑，首先把技术水平较高的工人集中到单元内从事熔化、制芯、造型和浇注 4 道核心工序，技术水平有待提高的工人主要从事配料、配砂等工作，而清理等工作则尽量用临时工完成。通过人员的优化配置，进一步提高了核心工序的生产效率。

在这种新的组织方式下，员工不需要进行工序交接协调，而是在同一个单元内围绕单一产品（伺服舱）共同进行工作，员工的责任心与积极性大大增强，同时操作的熟练程度也大大提高。由于每一名成员的生产活动都会影响到整个单元的运作，所有成员在工作时都会积极减少自己对下一道工序造成的影响，在很大程度上避免了产品制造过程中的人为操作问题，大幅提高生产效率的同时也提高了产品的质量。

（3）调整工艺布局

工艺流程和组织方式变化后，铸造车间的工艺布局也按单元制造模式进行了改造。改造后的工艺布局如图 5 - 14 所示。

工艺布局的主要变化是取消原来单一的大熔化炉，同时给每个单元配备小熔化炉，各单元由自己的调度和熔化工掌握自己的小熔化炉，不仅有效地消除了不同零件之间的相互等待时间，同时还大大减少了物料损耗和能源消耗。

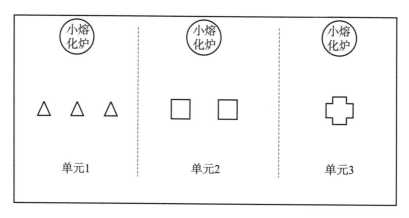

图 5-14　改造后的工艺布局图

（4）确定流水节拍和流水批量

单元制造的中心思想是"一个流"，铸造单元同样要形成流水生产才能最大限度地提高效率。与机械加工单元不同，铸造单元没有直观的流水过程，它的流水是通过控制单元生产节拍和生产批量实现的。

铸造单元的流水节拍一般是由熔化一炉铝水的时间加上浇注时间确定的。流水批量一般选择在流水节拍内可以完成的制芯、造型数量。对于伺服舱而言，熔化一炉铝水只能完成一件产品的制芯、造型工作，所以伺服舱铸造单元的流水批量是 1。

5.3.3　应用成效

在伺服舱铸造单元建设后，伺服舱产量达到 6 天 5 个，与原来 6 天生产 2 个相比，生产效率是原来的 2.5 倍，完全满足某重点型号批生产的要求。在这种情况下，原来外协的 300 多件产品全部拿回来自己生产，价值 1 500 多万元。伺服舱制造单元前后情况对比见表 5-1。

表 5-1　伺服舱制造单元前后情况对比

内容	原生产模式	单元生产模式
生产人员	人员变换，工装不固定，技术水平不同导致产品质量不稳定	人员固定，工装固定，技术水平稳定使得产品质量稳定
工作场地	各班组在同一个场地交叉作业	各单元在固定的场地进行生产

续表

内容	原生产模式	单元生产模式
生产组织	工段班组多,调度协调困难,生产链条长	在单元内调度指令简单易行、反应迅速
检验控制	各工序检验员只负责本工序的检验,发现问题传递不及时	检验员负责本单元的所有生产检验,可以掌握产品生产过程中的所有关键参数,检验人员数量减少
工装管理	工装由各班组独立管理,混合使用。由于责任不明确,经常发生丢失损坏工装的现象	单元长负责工装的统一管理,在单元内分配使用。没有丢失损坏过任何工装
奖励制度	奖金按工时发放,每个人只关心自己负责的工序在定额时间内完成,不关心其他工序	奖金面向单元按合格品计件发放,员工以积极主动的方式关心单元内所有情况
工艺分析	跨班组找多人了解情况	在单元内直接获取信息
工艺纪律	班组多、环节多,难以严格执行工艺纪律	单元内环节减少,在工艺员和检验员的监督检查下严格执行工艺纪律
清理修补	清理人员与工艺调度协调不够,在技术性修补时容易出问题	由工艺员通知调度员送修,工艺员在修补现场直接解决问题

5.4　太阳翼基板制造单元

5.4.1　背景与需求

随着国家对卫星需求的持续快速增长,生产任务量急剧增加。太阳翼基板是卫星的典型结构产品,其生产任务量随着卫星型号任务的增长不断攀升,沿用传统制造模式已难以应对任务量激增所带来的挑战。航天某制造单位在太阳翼基板生产过程中手工作业比例大,生产中标准化程度低、产品质量稳定性和可靠性控制难度较大,易出现低层次质量问题,生产效率低,生产成本高,极大地影响了生产效率和产品质量的稳定性和可靠性,成为任务量增长后的生产瓶颈所在,难以满足任务需求。

5.4.2 构建实施

5.4.2.1 实施目标

太阳翼基板制造单元的构建实施旨在应对不断增长的太阳翼基板生产需求，运用单元化思想，将太阳翼基板各类生产要素按照制造流程要求进行集中配置，形成满足未来一定时期生产任务要求的基板制造能力。航天某制造企业首先在老厂区根据厂房的具体情况，建立中、小型基板制造单元，满足复合装配、固化直至交付等工艺步骤的生产要求；然后根据后续任务的需要，在新厂区建立满足各类基板生产需要、覆盖全部工艺步骤的基板制造单元，以满足型号任务对生产能力的要求。

5.4.2.2 构成要素

根据单元制造模式的要求，结合太阳翼基板的具体生产特点，将太阳翼基板制造单元的构成要素分为单元建设和单元管理两部分，单元建设包括：产品与工艺、设备与设施、物流与存储、文件与数据、人员与组织、环境与安全、信息化条件；单元管理包括：生产管理和质量管理。太阳翼基板单元构成图如图 5 - 15 所示。

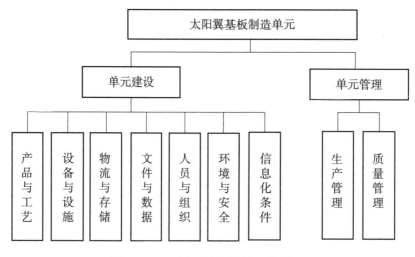

图 5 - 15 太阳翼基板单元构成图

5.4.2.3　实施过程

（1）产品与工艺

①单元产品的构成

全面梳理太阳翼基板制造单元的产品构成，形成中、小型太阳翼基板的零（组）件清单见表 5 - 2。

表 5 - 2　中、小型太阳翼基板零（组）件清单

序号	中型太阳翼基板零件组成	小型太阳翼基板零件组成
1	内板	内板
2	中板	中板
3	外板	外板
4	边缘构件 1 号	面板
5	边缘构件 2 号	铰链安装块
6	铰链连接衬套	铰链绝缘衬套
7	拐角加强件	压紧点预埋块 A
8	铰链绝缘层	角部增强蜂窝芯
9	电池面板绝缘层	角部加强片
10	面板	调整片
11	蜂窝夹芯	电缆支架预埋组件
12	压紧点加强件	吊挂预埋组件
13	M4 型预埋件	后埋组件
14	电缆接插件预埋件	限幅器预埋组件
15	M6 型预埋件	仪器安装块组件
16	有涂层板套	压紧点预埋块 B 组件
17	后埋补强件	
18	外板套 1 号	
19	外板套 2 号	
20	外板套 3 号	
21	无涂层板套	

②工艺梳理与优化

清理研制流程主线，以太阳翼基板这一部件为主体，从基板复合开始设计工艺流程；针对单元化生产组织形式要求，细化流程主线中的项目内容，以每

一操作内容为一项目单元为工艺文件提供指导；对流程中的重要辅助项目以工位操作内容为基础进行细化；明确项目的接口要求和保障条件，增强对管理部门的技术指导作用。

根据太阳翼基板生产的工作流程，将基板生产分为 4 个生产模块，产品和物流在不同模块间流转，各模块独立执行任务。这 4 个生产模块如下。

1）1 个辅助生产模块：负责网格面板及基板零组件的制备；

2）2 个基板复合模块：负责基板复合、固化及脱模清胶；

3）1 个后处理模块：负责衬套胶接、基板后埋、板套胶接等后续工作。

中、小基板制造单元包括 2 个复合模块和 1 个后处理模块。

③工时运行负荷分析

经过上述的工艺梳理和优化，中、小基板各生产工位的负荷情况如图 5-16 所示。

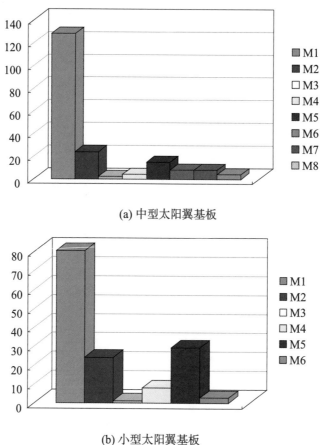

(a) 中型太阳翼基板

(b) 小型太阳翼基板

图 5-16　工时运行负荷图

由图 5-16 可见，主要工作量集中在 M1、M2、M5 三台设备上，即基板复合、基板固化和机械加工。基板复合的主要形式是手工集体操作，缩短生产周期的最有效方法是合理组织生产，按生产单元组织生产，产品在各单元内流动。2 个复合单元并行，基板连续生产，顺序固化。固化后的各项工序基本为串行。

（2）设备与设施

①中、小基板单元布局

根据厂房的面积和结构，布置中、小基板制造单元的设备、设施，如图 5-17 所示。

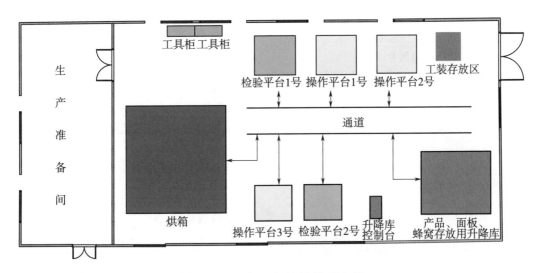

图 5-17 中、小基板单元布局

②基板单元生产工装配置

对生产所用的工装进行清理，具体清单详见表 5-3。

表 5-3 各平台太阳翼基板工装列表

平台	平台 1 基板工装	平台 2 基板工装	某卫星基板工装
1	基板复合成型模	内（中板）成型模	内板复合成型模
2	面板缠绕模	外板成型模	中板复合成型模
3	拐角加强件成型模	内、外板后埋工装	外板复合成型模
4	拐角加强件 2 号坯件成型模	面板下料样板	面板机加样板

续表

平台	平台 1 基板工装	平台 2 基板工装	某卫星基板工装
5	内、外板后埋工装	基板翻转把手	网格下料样板
6	基板翻转把手	拐角 2 号成型模	下料样板
7	边框成型模 Ⅱ	拐角加强件成型模	外板复合成型模
8	边框成型模 Ⅰ	边框成型模 Ⅰ	中板复合成型模
9	中板后埋工装	边框成型模 Ⅱ	内板复合成型模
10	内板后埋工装	缠绕圆筒模	
11	外板后埋工装	太阳敏感器预埋组件成型模	
12	面板切割器	边缘构件打孔工装	
13	中板复合成型模	内板成型模	
14	内、外板复合成型模	中板成型模	
15	板套酸洗工装	外板成型模	

③原材料与标准件的配置

基板原材料配置清单见表 5 - 4。

表 5 - 4　太阳翼基板材料清单

平台	平台 1 基板工装	平台 2 基板工装	某卫星平台
1	结构胶	结构胶	灌注胶
2	胶膜	胶膜	结构胶
3	胶膜	胶膜	胶膜
4	发泡胶	发泡胶	胶膜
5	碳纤维	碳纤维	碳纤维
6	碳纤维	碳纤维	碳纤维
7	碳纤维	碳纤维	三氟化硼单乙胺
8	三氟化硼单乙胺	三氟化硼单乙胺	二氨基二苯砜砜
9	二氨基二苯砜砜	二氨基二苯砜砜	聚酰亚胺薄膜

续表

平台	平台 1 基板工装	平台 2 基板工装	某卫星平台
10	铝蜂窝芯	铝蜂窝芯	铝蜂窝芯
11	玻璃布	玻璃布	蜂窝叠层块
12	聚酰亚胺棒	聚酰亚胺棒	玻璃钢板
13	环氧树脂	环氧树脂	聚酰亚胺棒
14	环氧树脂	环氧树脂	环氧树脂
15	钛棒	钛棒	环氧树脂
16	钛棒	钛棒	铝棒
17	聚酰亚胺薄膜	聚酰亚胺薄膜	铝方棒
18	聚酰亚胺胶带	聚酰亚胺胶带	发泡胶
19	蜂窝叠层块		聚酰亚胺胶带

④仪器设备的配备

按照产品定型要求，对单元主线所用仪器设备进行梳理，具体清单详见表5-5。

表 5-5　主线仪器设备清单

序号	名　称	需求量
1	中型烘箱	1
2	冰柜	1
3	万用表	2
4	操作平台	3
5	固化平台	1
6	检测平台	2
7	网络信息化设备	1 套
8	自动洗地吸干机	1 台
9	基板转运包装箱	4 大 4 小

续表

序号	名　称	需求量
10	工装存贮货架	1
11	环境检测仪	1

（3）物流与存储的设置

①产品流转

物流流向：太阳翼基板生产单元涉及零部件、标准件、材料的物流。主要物流流向如图 5-18 所示，包括：原材料到准备单元开展准备工作，半成品、标准件、机加单元的零件到装配单元开展装配工作，最终完成成品入库。

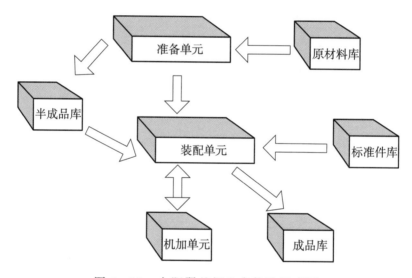

图 5-18　太阳翼基板生产物流示意图

转运事项：太阳翼基板跨厂房转运采用电瓶车，转运过程中使用海绵保护，至少 2 人防护，防止产品磕碰。其余物流周转采用运输小车。

②产品存放

对基板生产流程中的存放区进行设置。

③产品的标识与可追溯性

依据航天某制造企业程序文件《标识和可追溯性控制程序》的要求，对单元生产的太阳翼基板建立唯一的产品标识，确保产品符合技术要求并保持其可追溯性。

（4）文件与数据

①设计文件的管理

设计文件包括图样、技术通知单、技术要求等，需经过会签，按相关要求管理发放，由主管人员负责保存。

②工艺文件的梳理与规范

工艺文件的规范性要求。工艺规程的编制符合《航天器产品工艺文件编写细则》的要求，工艺文件细化、量化、可操作性强。工艺文件覆盖产品生产全过程，所有工艺文件协调、统一、清晰、完整，满足生产需要。工艺文件编制、校对、审核、标检、批准签署齐全，符合对技术文件审签的相关要求。工艺文件更改均出具相应的更改单，更改项目明确，更改内容表述完整。

工艺文件的梳理。在产品定型过程中，对工艺文件的完整性、正确性、指导性进行了复查和清理。在太阳翼基板技术定型的前提下，通过单元建设，对太阳翼基板的工艺流程进行了优化及固化，并编制了《太阳翼基板定型文件配置与应用要求》，将定型文件按单元化组织形式配置到制造单元，单元人员依据定型文件以及现有的加工、装配设备完成产品生产工作，有效保证了制造单元的运行。

工艺文件的使用。工艺文件根据《太阳翼基板定型文件配置与应用》要求按单元化组织形式配置到生产单元，使用和归档按照航天某制造企业型号研制中工艺文件的管理办法执行。已发射型号基板的工艺文件要完成归档，工艺文件齐全。技术文件在型号发射完成后按上级部门要求进行归档，由档案室集中保存。

③产品保证类文件

单元建立时，根据太阳翼基板生产特点及产品保证要求编制了基板单元产品保证大纲，同时，根据配置的相关程序文件，确保生产过程质量控制有效。主要产品保证类文件如下：《太阳翼基板制造单元产品保证大纲》、程序文件、第三层次文件、文件控制程序、记录控制程序、标识和可追溯性控制程序、产品实现策划控制程序、产品防护控制程序。

④其他规章制度与文件

生产现场的规章制度文件除通用规章制度外，还包括制造单元产品检验规范、安全生产管理规定、岗位操作规程等，这些文件在单元建立时已配备并指导生产。具体包括：《太阳翼基板制造单元说明书》《太阳翼基板制造单元岗位操作规程》《太阳翼基板检验规范》《太阳翼基板制造单元产品保证大纲》《太阳翼基板制造单元安全生产管理规定》。

⑤数据包管理

根据《太阳翼基板制造单元产品保证大纲》的要求，由产品保证工程师负责收集、汇总、分析、上报太阳翼基板研制过程中发生的包括设计偏离、制造超差、代料、技术状态更改、不合格品处理、技术问题处理、质量问题归零等产品保证信息，并要求在产品生产过程中产生上述信息时，责任部门应通过电话、记录、电子邮件、质量信息系统等手段，及时将相关信息报送产品保证工程师。经复查，责任部门能够做到将产品保证信息及时上报，产品数据包规范、完整、有效，具有可追溯性。产品验收前，编制产品研制和质量报告，对产品研制和质量控制过程进行总结。产品的相关数据在产品交付前进行汇总，其中主要原材料合格证、产品证明书、产品质量履历书要随产品转交总装，其他数据汇总成数据包放在产品研制和质量报告中，经过评审后存入综合档案室。

（5）人员与组织

①人员组织模式

根据复合材料成型的特点和生产过程中控制的关键点，结合车间人员的能力和特长，将以工种为依据划分班组的模式改为按生产单元划分班组。班组由多个工位组成，每个班组的人员都动态地分布在各个工位内，并设立了班组长和工位负责人（即摊长），班组长只对车间领导负责，摊长只对班组长负责。这样充分发挥班组长和骨干的作用，由原来一项任务一个人或一组人从头做到尾，彻底转化为单元化生产。既发挥车间职工的潜力，又缩短生产周期，大大提升产品质量，在某种程度上解决产品质量稳定性和可靠性问题。

②岗位及人员设置

复合材料车间各单元针对产品配备固定的负责人，其余人员根据工作需要由车间调配。在正常情况下，单元人员配置见表 5 - 6。

表 5 - 6　单元人员配置

岗位	操作者	工艺人员	检验人员	其他人员
人员数量	4～6 人	2～3 人	1～2 人	由车间统一安排

③职工观念的转变

单元化生产模式下，操作人员的岗位职能进行了较大的调整。由于复合材料成型过程中集体作业占主导，因此团队协作是生产组织不可缺少的部分。只有转变职工思想观念，倡导合作和配合，培养团队精神，以此提高团队协作能力，提高执行力，才能使单元化生产模式的优势发挥到极致。在单元化生产模式中，操作者基本固定在每个生产单元内，几乎天天重复同一类工作，势必会导致厌烦的情绪。因此对操作者技能的评价方式必须随之改变，倡导操作者提高技能熟练性和技巧性。

④人员技能的培训

全员培训，持证上岗。在太阳翼基板研制过程中，技术人员能够不断摸索、攻克难关，及时总结经验，改进和创新现有工艺。此外，人力资源处根据太阳翼基板产品特点，制定定期的岗位培训计划，有针对性地进行专业培训，逐步提高生产队伍自身技能水平、专业素质和主人翁精神，形成一只高素质高技能专业化的队伍。根据生产的需要和岗位说明书的要求，制造单元所有人员都应取得相应的操作上岗证，实现持证上岗，除具备岗位的基本要求之外，根据太阳翼基板的特点，注重提高专业队伍的工作能力，需有针对性地进行专业培训，确保人员能力和素质能够满足单元建设的需要。

改进复材成型操作技能培训体制。在单元化生产模式下，操作者基本固定在每个生产单元内，有利于提高操作者对某类型产品操作的熟练程度，进而完善其操作技能，使得操作者的技能向熟练型和技巧型转变。操作技能的熟练和技巧是保证产品质量稳定性和可靠性的关键，是提高生产效率的根本。因此对操作者技能的评价方式必须随之改变，使其适用于单元化生产的需要，切实起到操作者学本领和练本领的推动作用。

（6）环境与安全

①生产现场环境控制

根据《基础设施和工作环境控制程序》要求，每天对成型车间的温度、湿度、洁净度进行监测，确保其符合太阳翼基板对环境的要求。根据 6S 管理要求，及时对厂房进行清洁，安全保卫保密处定期对生产现场环境进行测试。

②技术安全分析及措施

为了保证太阳翼基板生产的顺利进行，有效控制生产过程中存在的危险因素，保证生产过程中人员、产品、设备仪器的安全，制定《太阳翼基板制造单元安全生产管理规定》，分析生产过程中的危险因素。通过对工艺过程进行安全分析，找出存在的危险因素，并有针对性地制定相应的安全措施。

③安全生产责任制的分解落实

《太阳翼基板制造单元安全生产管理规定》明确了人员的安全责任，对产品安全、人员安全和健康做出了严格的规定。太阳翼基板生产车间与某航天制造企业签订了安全责任书，车间与每一名员工签订了安全责任书；针对不同岗位的工作特点，车间与每一名职工签订了《职工岗位安全责任书》。

④产品防护

太阳翼基板单元产品的搬运、贮存、防护措施按厂程序文件《产品防护控制程序》的规定执行。具体包括：操作人员应穿着工作服，各类人员（包括外协人员）在接触零部件及基板产品时应佩戴干净手套，操作过程中应避免零部件表面及基板产品的机械损伤和污染；基板转运应使用专用搬运工装，基板存放及运输应使用专用包装箱，避免产品受到磕碰损伤；基板在机加过程中，操作人员应按照相关工艺文件执行，做好产品的防护工作，避免基板产品的机械损伤和油污污染。

⑤人员防护

搬运重型工装时，一般应采取吊装方式，如人工操作，必须佩戴帆布手套，穿工作鞋，避免工装滑落导致人员受伤；金属模具高温状态下禁止搬运；基板吊装、转运应严格按照《装箱运输要求》及《安全生产管理规定》执行，避免人员受伤。

⑥应急处置预案及人员安全培训

须制定《生产安全事故应急救援预案》，每月均对单元员工进行一次安全教育。吊车、吊具等均在有效期内，完好有效；作业现场消防栓、灭火器齐全，并在有效期内。

（7）信息化条件

在制造单元层面，直接应用的信息系统为质量信息系统和车间执行系统。

①质量信息系统

质量信息系统实现了对技术问题处理单、不合格品处理单、废品通知单、材料代料单、不合格采购产品通知单 5 类单据的电子化，在单元现场检验员、操作员、车间领导就可以办理单据，显著提高了质量问题的处理效率。通过质量系统的升级，实现了生产过程、任务处理、质量文档、统计分析、标准信息和综合查询等功能，并具备流程管理、任务盒管理、单据格式和流程定制等功能，进一步方便了生产现场质量信息的处理。

②车间执行系统

车间执行系统是进行车间级任务管理、进度控制等的信息系统。自投入使用以来，实现了对厂级生产任务的接收、车间级生产任务的计划、向班组和操作者的派工、操作者对任务的反馈、单元和工位生产信息的展示等，使得车间计划和调度管理更为方便，提高了生产管理的效率和准确性。

（8）生产管理

①生产运行管理规程的确定

对投产产品制定明确的投产计划：在制造单元运行过程中，通过制定详细的产品投产计划（产品计划涵盖全部零组件）并细分至工序，明确每个工序的承担部门和完成时间，并通过月、周计划进行跟踪管理。另外，针对产品特点和要求确定产品投产方式：组批生产或单件生产。组批生产按照产品种类和需求时间，确定每批次生产数量和完成时间，根据用户需求先后顺序，分别制定生产计划，以保证整星需求。严格按照《型号产品批次生产管理控制程序》要求，对投产 2 套以上的航天器单机、部组件等技术状态不变的各级产品实施批次管理及质量控制，确保产品符合技术要求及保持其可追溯性。单件生产按照用户需求时间，制定每个零部件和组装生产计划，严格执行计划流程，闭环管理。

②工装管理

按《工装管理质量控制程序》执行。工装情况分析：基板生产中使用的工装，均按规定进行复验，经检验合格后出具合格证明，做合格标识，按技术文件要求注明有效期。工装有周期检定计划，贴有检定合格证明和"完好（或合格）"标识，且在有效期内。工装有专门的人员对其进行管理，并按照要求进行存放和保护。对基板定位工装进行专人统一管理，制定定位工装的管理制度，杜绝基板复合过程中定位工装用错的现象。

③原材料管理

原材料均有合格证且经过复验，超过存贮期的按规定进行超期复验。标准紧固件应有合格证，并按规定进行复验。型号用标准紧固件均有厂家合格证并按《航天产品用标准紧固件入厂（所）复验规定》进行复验，合格后用于型号产品。有不合格品的管理规定且记录完整。

④仪器、设备管理

按《设备仪器管理控制程序》《监视和测量装置控制程序》执行。产品生产过程中使用的卡尺、千分尺、塞尺、卷尺、刀口尺、万用表等监视和测量装置均在检定合格有效期内使用，并具有适宜标识。仪器设备情况分析：厂房的温湿度计能够有效反映厂房的温度及湿度，车间根据 6S 管理要求及时对厂房进行清洁，安全保卫保密处定期会对厂房洁净度进行测试，保证生产的正常运转。

（9）质量管理

①制造单元产品保证大纲

产品生产管理要求纳入受审查方的质量管理体系和产品保证体系，编写了《太阳翼基板单元产品保证大纲》，对太阳翼基板制造单元所需的人、机、料、法、环保障条件控制提出了明确要求，能有效保证产品生产质量；对制造单元来料、生产过程、试验和检测、验收等控制有效，各种记录准确完整，质量信息可追溯，产品质量和一致性能够满足设计要求。

②产品检验规程

编写了太阳翼基板研制的过程检验、产品交付检验规程，规定了太阳翼基板检验的一般要求、产品交付检验中主要性能指标的检验要求，以及生产过程中的检验项目、检验方法、量具及设备的选用等要求。制定《太阳翼基板单元产品检验规程》。

③生产检验的执行规则

制定了齐全的第三层次管理文件，产品的检验按质量手册、程序文件和三层次文件以及《质量检验管理办法》等规章制度的要求进行准确、完整的记录和签署，单元检验人员能够严格履行把关、预防、监督和报告的职能，清楚地表明产品的检验状态及检验是否合格，确保产品检验记录的可追溯性。

不合格品管理方面，确保不符合产品要求的产品得到识别和控制，防止其非预期的使用或交付，具体按《不合格品控制程序》执行。

④多余物控制

太阳翼基板产品研制过程中的多余物控制按《航天产品多余物预防和控制》的规定执行。

⑤质量信息管理

太阳翼基板生产过程中产生的产品保证信息，包括制造超差、代料、技术状态更改、不合格品处理、技术问题处理、质量问题归零等，由产品保证工程师负责收集、汇总、分析、上报。在产品生产过程中产生上述信息时，责任部门通过电话、记录、电子邮件、质量信息系统等手段，及时将相关信息报送产品保证工程师。产品保证工程师收集汇总信息，提交厂领导审阅。根据产品保证信息的分析结果，产品保证部适时组织相关部门制定纠正措施，并对措施的实施结果进行监督检查。

5.4.3　应用成效

（1）生产能力显著提升，圆满完成生产任务

建立中、小基板制造单元前，由于按照单件研制模式进行技术文件准备、人员组织等，采取一组人从头干到尾的方式，生产串行部分多，生产准备时间

长，经常出现设备冲突、人员短缺等现象。根据生产场地条件和所用操作台等设备、设施的具体情况，建立了中、小基板的制造单元后，满足了任务量大幅度上升带来的产能压力，为基板生产打下了良好的基础。产能比单元建立前提高了 3 倍。

（2）生产效率明显提高

生产效率提高体现在以下两方面。

①部分工序作业时间缩短

单件中型太阳翼基板主线各工序工时之和为 81 h，比单元建立前节省工时 14 h；单件小型太阳翼基板主线各工序工时之和为 72.6 h，比单元建立前节省工时 14.4 h。

②整体生产流程的优化

通过对中型和小型基板工艺流程的细致分析，在单元内分中型和小型基板两个流程，各自并行作业，改变原来一组人从头干到尾的方式；另外蜂窝制备、埋件涂胶等辅线工作与主线剥离，不再占用主线时间，可与主线并行进行；生产作业与生产准备分离，提高各自的专业性，从而提高效率；定位工装由原来的自行分散管理改为集中专人管理，节省了工装准备时间；所需的面板、蜂窝等材料由专人供应，节省了相应的准备时间。

（3）产品满足各项质量要求，质量水平稳定提升

太阳翼基板制造单元实施应用以来，运行流畅，工艺路线合理可行，工艺技术状态固定，所交付的太阳翼基板产品均满足设计和用户要求，产品研制过程受控、质量状态良好。产品研制生产过程及交付后，未发生质量归零问题等重大质量问题，满足各项质量目标和质量要求。

（4）操作者水平提高，人员培训速度加快，形成团队氛围

相对于单元建立前，相同的人员可能加工不同产品的情况，建立单元后，使得操作者的工作更为专一，相应的培训针对性更强，有利于快速熟悉操作内容，并不断提高操作技巧；以精细化管理改变了传统生产模式，使繁杂的生产流程变得一目了然，工作内容也更加科学细化，在职工当中建立了有效的沟通和管理机制，提升了职工的主人翁意识，为生产力的进一步提升提供了不竭的能量。

5.5　铆接舱体产品单元

5.5.1　背景与需求

航天飞行器中的箭体结构较多为铆接结构舱体。某航天制造企业承担运载型号及航天器型号的铆接结构舱体的生产装配，主要舱体结构包含卫星整流罩、仪器舱、二级和三级级间段、过渡舱 A、过渡舱 B、前后短壳、支撑舱等。

随着国家重大工程项目实施，对所配套使用的运载工具的需求也随之大幅度提升。初步估算该制造企业，每年共需完成 130 余个铆接舱体生产任务，任务繁重，依据现有生产组织方式和工作环境，将难以完成。

在铆接舱体装配生产过程中，还存在着诸多突出问题和矛盾：一是生产调度主要依靠调度员经验，效果较差；二是铆接舱体要求物料齐套，增加了零件机加工车间负担；三是原有的设备工装布局混乱无序；四是初步开展了工艺管理和信息管理，但数字化制造技术的应用水平还亟待改善和提高；五是铆接车间现场物料随意放置，易混料，不易寻找，车间内装配型架颜色不统一，影响现场美观。为应对上述问题，该企业开展铆接舱体产品单元制造模式的探索，以期充分发挥单元制造模式的优势。

5.5.2　构建实施

5.5.2.1　实施目标

铆接舱体产品单元构建实施以制造模式变革与数字化技术支撑为总体思路，开展单元制造相关理论与方法的研究，归纳、总结国内外单元化制造实施成功经验，提出装配制造单元建设实施方案，旨在提出铆接舱体的单元制造建设的总体设计方案，初步试点建立铆接舱体装配制造单元。

5.5.2.2　构成要素

（1）人员与组织

铆接车间铆接组现有 25 名工人，每 2～6 名工人组成一个小组，负责一个舱段的装配，每个小组有各自擅长装配的舱体，装配过程的每一道工序都由小组人员共同完成。每个舱段装配的总工时是确定的，实际生产中，根据任务紧急程度的不同，每次装配所用的时间不固定。当前铆接车间缺乏科学的调度策略，主要根据经验进行，舱段装配任务尽量分配给擅长此舱段的小组。如果舱段任务到达时，铆接小组已没有空闲，会暂停交货期较长舱段的装配工作，把小组调到交货期较短的舱段装配工作中。

（2）设备工装布置和物流设计

每个铆接舱体装配过程构成一个制造单元，通过工厂 2D/3D 建模、物料路径优化、工厂仿真与优化等，对装配型架位置、架下补铆区、物料周转区等区域进行合理布局，提高车间空间利用率，优化车间物流路径，规范车间生产流程，提高铆接装配效率，增加车间产能。

（3）生产计划与调度管理

铆接人员和型架装配任务主要依据调度人员经验进行，效率低。首先，针对一批舱体装配任务，将工人合理地分配到装配型架，即人员指派问题。其次，各舱体生产时的排产和调度，即排产问题。与传统装配制造单元生产调度不同，铆接舱体制造单元不存在快速换线问题；通过生产调度解决了铆接舱体装配单元随着装配任务的不同，增加或减少人员等问题。单元调度目标是使一批舱体满足交货期和总装配时间最短。

（4）拉式物料系统设计

由于铆接舱体装配工艺主要分为架上和架下两个工位，在架上装配时需要大型工装型架。铆接舱体装配生产属于产品固定，人员流动类似造船与飞机装配的生产模式，因此无法像普通制造单元（如 U 型单元）一样，在空间上将各工序工位排成装配流水短线。由于拉式物料系统必须使用流水线，因此，为了应用 JIT（Just in Time，准时化）拉式物料系统，针对铆接舱体在时间轴上设计了"虚拟流水线"，目的是将物料需求在时间上分开，减轻物料集中供应对零件机加工车间的负荷，解决制约铆接装配进程的瓶颈问题，减少生产时间，加快装配进程，缩短生产周期，提高交货率。

（5）工艺管理和信息管理

数字化装配工艺设计与验证。该环节的核心在于验证产品装配工艺的可行性。通过构建产品及工装型架的三维模型，在可视化装配环境中仿真装配过程，检验产品与工装型架的干涉情况，验证产品装配顺序和装配路径的可行性等。提供产品装配示教视频。在录制视频上添加工序内容的文字说明，增加装配零件的名称注释等，统一文字的颜色、大小和停留在视频上时间，将录制的视频传送到生产现场触摸屏计算机中，为工人提供装配示教视频。

制造执行系统。信息系统支持下的生产执行和管理业务，包括计划、派工、执行、调整等环节提供工具支持各类生产信息的传递、反馈、共享，实现信息实时、准确传递，如计划向下传递，工人生产信息全面、及时准确向车间传递。同时该系统实现了生产透明化，如监控装配计划、任务实际进度、工序状态、作业状态、人员状态，装配过程中的质量及异常情况、事件等。

（6）现场管理

铆接车间现场精细化管理，包括装配型架和设备的使用与维护，物料领取、发放、定额消耗、存储、监控等，现场物品搬运细则、物流工件使用和生产物流改善方案等。通过实施 6S 和目视管理，改善现场工作环境，提高工作效率和产品质量。结合铆接车间实际情况，布置了展板区域，为触摸屏、电源箱、消防栓、铁轨绘制了警示线，为货架、推料车、吊具存放架绘制了定置区域。产品、设备、梯子定置管理，摆放有序；生产现场整洁美观，没有与生产无关的物品；零件归类放置，工具定点放置，便于寻找，借助物流工具把零件运送至装配地点；触摸屏位置便于员工查看工艺；标识、标签、看板简洁明了清晰。

5.5.2.3　实施过程

（1）理念与方法

铆接舱体制造单元建设始终贯穿精益管理思想和数字化技术支撑。精益管理思想体现在制造单元建设的各个要素中。在人员组织方面，通过调度方法和仿真技术，优化人员组合，合理派工，使正确的人去做擅长的、正确的任务。在任务调度方面，以满足一批任务的交货期要求为主要调度目标，同时辅以总装配时间最小为目标，精心调度。在设备工装布局和物流设计上，通过定量和定性的物流量计算，合理划分各装配区、架下补铆区和物料区等，并优化相互之间位置。在工艺和信息管理方面，采用数字化手段提高培训工人的效率，采用制造执行系统提高调度的准确性和执行效率。在现场管理方面，基于6S和目视管理，打造一目了然的生产现场。

（2）工具与手段

在建设铆接舱体制造单元过程中，使用工具方法见表5-7。

表5-7　铆接舱体制造单元使用的工具方法列表

工具方法	应用领域
产品-数量分析法	产品生产方式选择
系统布局方法	设备工装布局
功能区域关联线图	设备工装布局
团队工作法	人员组织
工艺布局仿真软件	设备工装布局
人员和任务调度算法	生产调度
生产线仿真软件	生产线仿真模拟
物料供应系统	拉式物料每日清单生成
装配工艺仿真软件	工艺管理
制造执行系统	信息管理
6S管理、目视管理、定置管理	车间现场管理
触摸屏计算机	生产现场显示终端

（3）建设阶段

铆接舱体制造单元的建设分3个阶段：一是准备阶段，为实施铆接舱体制造单元做好分析和准备工作；二是设计阶段，对铆接舱体制造单元进行构建，布局设计；三是实施阶段，铆接舱体制造单元的物理实现和管理系统运行。

①准备阶段

数据收集。收集铆接车间人员信息、设备工装信息、铆接产品信息、任务调度信息和车间信息化情况。收集单元布局所需要的厂房图样等。与车间工艺员和工人座谈，全面掌握生产现场资料。

组建实施人员队伍。将有关人员分为 3 个小组：管理组、车间工人、执行组。

1）管理组：为制造模式实施提供计划和管理；

2）车间工人：理解并支持制造模式实施，接受相关培训，学习必备的知识；

3）执行组：掌握设计和规划制造单元的方法和技术。

确定铆接舱体实施目标。主要实施目标为：满足交货期要求，总加工制造时间最少。优化铆接舱体制造单元之间布局，强化车间现场管理能力。

②设计阶段

每个铆接舱体装配型架和架下装配区域构成了一个独立的装配单元。应用可视化方法优化铆接舱体制造单元之间布局。

制造资源三维建模：建立厂房、型架、设备、料架等三维模型。

功能区域划分及布局规划：划分加工区、物料存放区和产品存放区等，优化各装配单元之间的位置。

车间布局三维展示和物流仿真：通过可视化手段展示车间物流。

③实施阶段

实施阶段要完成新布局的物理实现，包括单元的建立，任务调度的重新定义，管理和控制活动的重新组织。

1）装配单元位置布置。依据可视化布局结果，安排铆接舱体单元位置，并按照 6S 和目视管理要求，布置工作现场。

2）人员安排。明确工人主要负责的装配型架，依据合作配合默契划分各个装配小组。

3）人员和任务调度。依据建立的调度算法，输出一批舱体人员和加工时间安排等。

4）物料管理。依据产品工艺、制造 BOM 和任务调度结果，确定每日领料种类和数量等。

④主要建设步骤

（a）车间产能分析

"十二五"期间，铆接车间的装配任务由每年 9 发上升到每年 18 发，装配任务的翻倍对车间生产能力提出巨大考验。生产能力是参与生产的全部固定资产，在物料和劳动保证供应、劳动组织配备合理以及设备正常运转的条件下，可达到的最大年产量。分析铆接车间生产能力，判断车间现有固定资产是否满足密集发射期的产能需求，寻找车间瓶颈资源，明确管理重点，为车间投资提供依据，有效推进单元制造模式的实施。

（b）装配单元间的人员、任务调度

铆接车间绝大部分生产任务由工人手工装配完成，充分发挥人的潜力是提升铆接车间制造能力的重要方面。单元制造生产模式强调发挥人的作用，在单元内部不宜把工序划分过于细致，应该给工人一定的自主性，培养工人对装配工作的责任心，给工人带来更多工作上的成就感。但是不同装配单元的工作复杂度不同，不同工人对不同单元装配工作的熟练程度不同，调度策略对任务完成期、工人负荷有显著的影响。本项目通过对装配单元之间人员的调度，充分、合理利用装配人员的能力，均衡工人工作负荷，保证舱体在交货期前完成，提升车间制造能力。

（c）装配单元拉式物料供应系统

单元制造模式是精益生产的具体实现模式之一，其最终目标是实现"一个流"生产，在物料供应上采用"准时化"（Just in time，JIT）拉式系统。"准时化"指的是货物需要利用的时候，刚好准确到达。根据生产需求，在给定的时间范围内，将所要供货的每个零部件按照需求的先后顺序进行排序后，送达指定的地点。因此只要关键零部件到达车间现场，装配工作即可开始，大大缩短生产准备时间。准时化供货要做到"准确的物料，准确的时间，准确的数量，准确的质量，准确的地点"，只有做到这五个准确，准时化供货才能顺畅地实施。对生产过程和后勤系统，准时化的逻辑是指仅在需要时生产。因此降低了对加工车间和外协厂生产能力的需求。在准时化物料供应系统中，物料按照需求的先后顺序进行排序后，送达指定地点的供货方式可以有效地缩减车间物料存储量，降低存储面积需求。同时，由于物流和信息流衔接比较紧密，要求有严格的计划体系来保证持续的物流和不中断生产。

（d）车间布局和现场管理

设备布置原则主要有产品原则、工艺原则、成组技术原则，单元布置形状主要有直线型、U 型、S 型。考虑铆接车间实际情况，其装配的结构舱体形状大部分为直筒或锥段，尺寸大，铆接装配时每个舱体都需要大型的工艺装备，每个舱体在其特定型架上装配，各型架装配过程相对独立。每个装配型架构成一个独立的单元，因此铆接车间布局不能简单选用传统意义单元布置形状，而应该在布局过程中体现单元制造减少浪费的思想精髓。车间布局直接影响车间物流成本，合理的车间布局为车间创造良好的生产现场，为生产过程提供畅通的物流，是车间充分利用产能的基础。本项目采用系统化布局规划（SLP）方法，为车间规划不同的功能区域，分析区域间物流关系和非物流关系，结合车间实际形状、面积确定功能区域大小和位置。同时本项目将可视化布局技术应用于车间布局设计过程，在车间的初步设计阶段，通过建立车间、型架等制造资源的三维模型，结合初步布局方案，调整修改后形成不同的车间可视化布局方案。对所设计的车间进行即时浏览，以漫游的方式进入车间，沿车间的参观通道从各个角度来观察车间，布局设计者、车间管理人员、车间工人都可以对车间布局方案提出意见与建议，在可视化环境中，设计者可以方便地对布局方案进行修改，最终得到优化的布局方案。

（e）工艺管理

将数字化装配技术应用于前过渡段装配工艺验证中，通过构建前过渡段产品模型、工装型架模型和装配工具模型，建立数字化装配环境，通过人机交互方式仿真装配操作，验证装配顺序，搜索可行装配路径，检查碰撞干涉，依据优化的装配方案录制 AVI 格式视频对工人示教。

5.5.3　应用成效

构建适合单元制造模式的物料供应系统，解决制约铆接装配进程的瓶颈问题，减少生产时间，加快装配进程，缩短生产周期，提高交货率。最大限度减少不必要的物料搬运，保证车间物流路径的交叉点最少，物流量最小，降低车间物流成本。通过对装配单元之间人员的调度，充分、合理利用装配人员的能力，均衡工人工作负荷，保证舱体在交货期前完成，产品生产能力提高 35%。

5.6　氢氧发动机装配制造单元

5.6.1　背景与需求

在二代导航、探月工程等国家重大项目实施推进的背景下，某系列运载火箭发射任务逐年激增，与之配套的某氢氧火箭发动机的交付任务也相应增多。发动机装配厂房留给某氢氧火箭发动机的资源已十分有限，短期内厂房无法扩建，发动机装配出现持续研制与批产并存、共享资源的现象。通过增加人员、加班加点等传统提高产能的方式，只能短期内小幅度地提高生产交付能力，无法长期满足任务形势需求。因此，在如此繁重的交付任务形势下，发动机装配已成为完成运载火箭高密度发射任务的主要生产瓶颈，现有的生产组织模式已无法满足生产任务的需要。面对这样的形势和挑战，迫切需要在现有资源（工位、人员）不增加的条件下，探索一套适应批产需求的发动机装配流程，支撑型号任务保质保量完成。

5.6.2　构建实施

5.6.2.1　实施目标

氢氧发动机装配制造单元的构建实施旨在找出制约生产效率的关键因素，通过改进配套方式，将整台份实物串行配套改为与装配并行，减少因配套导致的开工等待时间；通过优化装配工艺流程，实现并行装配作业；建立合理的人员调配方式，提高人员的有效利用率；充分利用现有资源，在不增加装配工位、人员的前提下，探索适合小批量生产单元制造模式，提高发动机生产线的总装生产及交付能力。

5.6.2.2　实施过程

氢氧发动机装配制造单元的构建实施主要分为装配单元的划分与布局、装配单元的运行与管理、装配单元的数字化建设等主要环节，各环节主要内容如下。

（1）装配单元的划分与布局

氢氧发动机装配制造单元的构建实施，需要在保证质量的前提下，通过"并行作业"和"提高人员利用率"等改进，从而提升发动机装配的效率，缩短装配周期。因此，装配单元的划分需要依据以下原则。

1）并行作业原则：为最大限度地减少乃至消除发动机在装配型架上的等待时间，在子单元的划分上，把发动机装配流程中可以并行的工作划分为独立子单元，实现并行作业。

2）人员最小需求原则：在发动机装配、试验过程中，各环节需要的人数不一致，子单元内各工序占用人数相近，划分为子单元后，为其配备完成工作所需的最少人员，这样可以有效地减少人员闲置，减少资源浪费。

3）功能独立、保证质量原则：各子单元的工作内容相对独立，某一子单元工作结束后要具备可检查性，保证本子单元的装配质量，同时提高生产组织安排的灵活性。

根据上述单元划分原则，可以将发动机整个流程划分为 13 个子单元，包括能够与主流程并行生产的 5 个独立子单元（D01～D05），以及不能与主流程并行生产的 8 个连续子单元（L01～L08），各子单元的工作内容见表 5-8。

表 5-8　发动机装配子单元划分结果

连续子单元	单元内容	独立子单元	单元内容
L01	安装氢泵、氧泵、发生器、氢氧系统导管、机架等	D01	组装氢泵前组件
L02	安装氢氧泵前系统、换热器等	D02	组装氧泵前组件
L03	安装氢、氧主、副系统、冷流系统等	D03	1♯阀门盒装配
L04	气密性试验、氦检漏、补发泡	D04	2♯阀门盒装配

续表

连续子单元	单元内容	独立子单元	单元内容
L05	安装金属软管,泄出、增压、吹除系统	D05	3♯阀门盒装配
L06	气密性试验、单点检漏		
L07	安装减压阀,1♯、2♯、3♯电磁阀等		
L08	发动机试验、总检、装箱、送站		

独立子单元是能够并行工作的流程,在独立子单元中,将几个配套件组合形成一个新的"工艺组合件",将这个"工艺组合件"作为发动机总装配套使用。这样可以使独立子单元与发动机装配主流程脱离,可以预生产或与发动机装配流程同步进行,缩短总周期,提高发动机装配交付能力。连续子单元是需要按顺序进行串行装配的流程,不能打乱顺序或并行生产,是将原发动机装配流程按一定原则划分为几个相对独立的子单元。

子单元划分完成后,发动机单机装配的流程如图 5-19 所示。

划分出并行独立子单元后,在原有发动机装配型架旁边增加操作台,进行独立单元的装配工作,形成独立子单元工位,如图 5-20 所示。

（2）装配单元的运行与管理

单元装配有别于传统模式,为了使这种模式有效运行,对发动机生产过程的工艺管理、质量管理、人员、生产配套等各环节进行分析,总结几台份的试运行经验,编制相应的工艺文件和管理制度。

①数字化配套管理

发动机传统装配模式是在整台发动机配套件全部齐套后才可以开工,配套与装配流程是串行关系,发动机配套完成后,才能开工装配。整台份配套一方面是为了现场装配的领用,另一方面是为了清理出整台份的缺项,作为后续生产协调的依据,来保证发动机装配的有序进行。在这种实物配套模式下,配套员需核对整台份发动机的所有零、部、组件（约 2 500 件）,实物配套周期约 7～10 天,生产线经常会出现因等待而停顿。为此,通过分析对配套模式进行了改进。

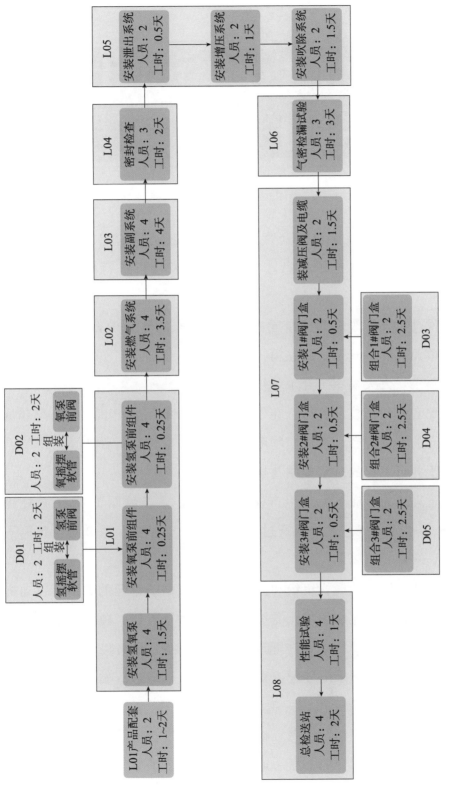

图 5 - 19　调整后的某发动机单机装配流程图

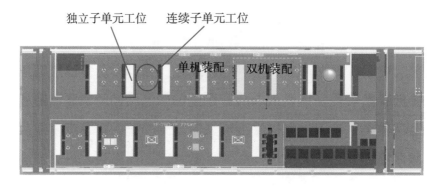

图 5 - 20 单元化装配实施后的车间布局图

整台发动机采用数字化配套管理。利用工艺制定的配套表，使用配套软件，直接提取库存零件电子信息，自动对整台发动机进行配套，并生成缺项清单。

整台发动机齐套改进为子单元齐套。将原来的整台份发动机齐套后开工，改进为子单元齐套后开工，即在第一单元实物齐套后即可开工装配，这样，降低了齐套要求，大大缩短了开工等待时间。

实物配套与现场装配并行。在领用第一个子单元的配套件后，配套员进行下一子单元的实物配套，形成实物配套与现场装配的并行作业。

②基于并行工程的过程控制与质量管理

工艺管理。为适应单元化生产模式的需求，重新编制 13 本工艺规程分别指导 13 个子单元的工艺过程；通过合理的排产实现独立子单元与其他子单元并行作业，缩短装配周期。

生产管理。按单元模式组织和安排生产，依据子单元的类型，发动机台份生产中，同一台份的连续子单元需按编号顺序进行生产；独立子单元可视情况与其他子单元并行安排，条件许可时（配套件齐备）也可以多台份组批生产。

质量管理。由于原来的装配流程全程不换人，全过程质量受控。在实施单元装配模式后，各子单元作为一项单独的任务进行施工，为保证过程控制水平，按"质量控制点前移"理念，将原流程中整机交付前的总检查提前至各个子单元内，在每个子单元的最后一道工序，均设置子单元总检查工序，对单元的全部工作进行检查、确认，以确保本子单元的装配质量。

③精益化的人员配置

对于单元装配模式下的人员管理，通过实践摸索，总结出以下方法和经验。

（a）子单元内人数固定，提高人力资源有效利用率

按单元划分的原则之一"子单元内人数固定"，依据子单元工作内容、复杂程度等，确定了各子单元需求的人数如下：

1）需配备 4 人的子单元共 4 个：L01、L02、L03、L08；

2）需配备 3 人的子单元共 2 个：L04、L06；

3）配备 2 人的子单元共 7 个：L05、L07、D01～D05。

人力资源的具体分配情况见表 5 - 9。

表 5 - 9　各子单元固定装配工人数量表

连续子单元	L01	L02	L03	L04	L05	L06	L07	L08
固定人数	4	4	4	3	2	3	2	4
独立子单元	D01	D02	D03	D04	D05			
固定人数	2	2	2	2	2			

按最小需求来配置各子单元人员数量，与原来的固定 4 个装配人员的模式相比，减少了人力资源的浪费。

（b）划分人员层次，实施台份负责人制，确保装配过程质量受控

在实施单元装配前，发动机装配人员从开工至交付不换人，以此模式来保证一台发动机全过程的装配质量。在实施单元装配后，由于装配人员只与子单元"绑定"，不同子单元可能由不同的装配人员进行，为了保证发动机装配全过程质量受控，实施"台份负责人制"，即：指定一人作为一台发动机装配的负责人，该负责人要从始至终参加发动机的装配，负责整台份产品状态的落实、遗留问题的处理等。

由于台份负责人与一般装配人员相比，承担的责任重，对人员能力和责任心的要求高，为此，对现有的 17 名装配人员进行了层次划分，主要依据工作年限、技能等级、责任心、实际能力等，划分为两个层次：第一层次人员是满

足台份负责人能力需求的，目前操作人员中有 13 名装配人员满足此要求；第二层次人员是还未达到台份负责人能力需求的，共 4 名人员。在现场调配人员时，台份负责人从第一部分的 13 名装配人员中选择即可，另外的 4 名人员从事副岗或辅助工作。操作人员的层次划分是动态的，在第二层次人员经过培训、实际工作锻炼等，能力提升后，具备台份负责人要求的，可以提至第一层次。第一层次人员如果出现严重质量问题或因故能力不达标的，降至第二层次。

（c）引入基于单元的考核与激励机制

实施单元化制造模式后，对奖励机制也进行了改进，按子单元进行奖金划分，操作者也按完成的子单元来计算奖金，充分体现按劳取酬、多劳多得的理念，激励装配人员不断提高生产效率。

（3）装配单元的数字化建设

为更有效地应用单元装配模式，需要采取数字化手段进行量化和实时控制，对发动机装配单元进行数字化装配系统建设，主要包括如下内容。

①多媒体工艺文件展示

采用自主开发的三维工艺设计系统，改变了传统的工艺设计模式。采用结构化的工艺设计方法进行工艺文件的管理，实现了与产品数据管理系统、制造资源管理系统的集成，实现了零部件、制造资源、工序信息的自动汇总。

对成熟型号发动机装配过程进行录像，并进行后期编辑，通过声音、字幕、动画等方式，对装配要素、重点、注意事项等进行强调，作为多媒体规程对发动机装配进行辅助指导，并作为开工学习、操作工培训的内容。将此视频与工艺规程中的对应工步进行挂接，实现多媒体工艺文件对现场装配工作的指导。

②质量数据的采集及管理

在装配现场实现质量控制卡在线展示，质量信息系统将三维工艺设计系统中的工序、工步内容导入，在其基础上，工艺人员进行质控卡的编制，将实测记录卡、多媒体记录卡挂接到相应的工序工步下。现场装配人员、检验人员通过刷卡确认完工，多媒体记录直接传入工位上的计算机内，并进行实时确认，实现对多媒体记录的有序管理。

③生产现场情况可视化管理

在发动机装配现场配置电子看板，对发动机装配计划、进展情况、工时定额情况等进行可视化管理。具体包括以下几个方面。

（a）发动机生产计划、任务完成情况及工时定额情况显示

实现全年发动机生产计划及生产任务进展情况展示，包括发动机开工、完工及返厂时间，实现对发动机当前生产任务进展情况的全面直观了解。以柱状图及曲线图形式直观展示各月份完成的发动机台数及各月份工时定额信息，并实时展示各个型号发动机试车情况。

（b）各个装配子单元实时情况展示

对各个装配子单元的实时情况进行展示，包括人员（工艺、检验、操作）、发动机编号、任务进展、时间（开工时间、计划完工时间、预期完工时间）等；以子单元为单位，量化各子单元生产周期，并根据生产现场子单元完工情况和未完工情况，计算预期完工时间，在预期完工时间超出计划完工时间（生产处下达）时，通过日期警示图标来进行超期预警，提示管理人员（领导或调度）进行处理，根据情况安排加班或协调进度。

（c）现场工作备忘

在电子看板上，设置"备忘栏"，记录现场存在问题的工位情况（如超期预警、装配停顿、缺件等），以提醒管理人员及时协调。

5.6.3　应用成效

通过发动机装配单元制造模式的应用，取得了良好效果，大幅度提高了某氢氧火箭发动机的装配效率，提高了生产交付能力。主要表现在以下几个方面。

（1）装配开工等待时间显著缩短

原来一台发动机配套完成后装配开工等待时间为 7～10 天；实施单元化后，整台份采用计算机配套，加上第一子单元的实物配套仅需 1～2 天，完成后即可进行发动机的装配，大幅度缩短开工等待时间。后续子单元的实物配套

与发动机装配并行，对装配周期无影响。

（2）发动机装配周期显著缩短

原有模式下单机装配周期为 35 天，改善后，生产周期缩短为 23.5 天，生产周期缩短了 32.9%。

（3）人力资源利用率大大提高

按原来的流程，一台发动机至少配备 4 名装配工人，采取单元装配模式后，各子单元配备 2～4 人不等，人员利用率由原来的 70.8% 提高到 93.9%。

5.7　贮箱箱底制造单元

5.7.1　背景与需求

贮箱箱底是贮箱的关键组成部分，也称为容器的封头，主要分为前底和后底，主要功能是与箱筒段连接组成装载推进剂的封闭容器，同时承受容器内部的压力载荷。贮箱箱底通常由瓜瓣、顶盖、过渡环、法兰等零件组成，通过焊接工艺成形，具有用量大、结构复杂、焊接工序多和技术质量要求高等特点，是贮箱批生产过程中的"瓶颈"环节。

贮箱箱底是一个复杂的部段产品，和传统的零件加工不同，具有高昂的成本特征，焊接工序作业既是一种特殊过程，也是复杂的不可逆工序，对产品生产质量的管控要求要远高于普通产品。下面从工艺流程、工艺布局和生产组织三个方面对箱底焊接生产过程进行分析。

（1）工艺流程

传统箱底焊接生产需要经过许多道工序才能完成，各工序主要以串行模式为主，工序间的交接和等待时间非常长，存在着大量的无效劳动。箱底传统工艺流程图如图 5-21 所示。

（2）工艺布局

传统箱底焊接的工艺布局如图 5-22 所示，可以看出由于不强调生产效率，大部分工序之间执行串行作业模式，尤其是在法兰盘焊接工序，在箱底成

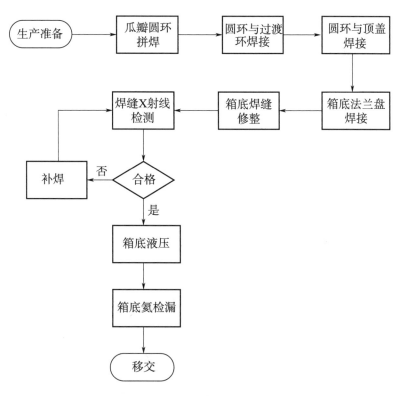

图 5 - 21　箱底传统工艺流程图

底后焊接，造成变位机设备资源紧张，影响箱底的成品周期，这种模式受箱底焊接零件齐套制约较大，过渡环、顶盖类零件齐套不足时，必然会影响箱底成底周期，造成后道法兰盘焊接工序周期极为紧张。

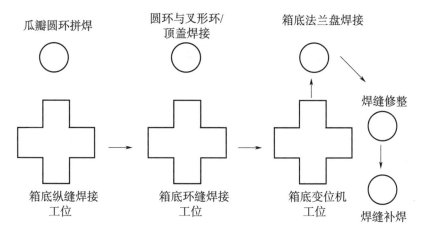

图 5 - 22　传统箱底焊接工艺布局图

（3）生产组织

按照传统的生产组织模式，箱底焊接采用串行作业模式，法兰盘焊接工序成为生产周期瓶颈，任务量紧张时，需要安排人员倒班作业，上下游工序节拍衔接不合理，生产效率难以提高。

5.7.2　构建实施

（1）优化流程

经过认真分析研究后发现，法兰盘焊接是箱底焊接制造所有环节中周期最长同时质量控制要求最严格的工序，而且不同箱底法兰盘焊接直径、焊接数量不一致，焊接时需要频繁更换工装，提高箱底法兰盘焊接工序效率，是提升箱底焊接生产效率的关键突破点。

为了采用单元制造模式提升箱底焊接效率，尤其是大幅提升法兰盘焊接工序生产效率，航天某制造企业对箱底法兰盘焊接工序进行了单元化改造，设置了法兰盘焊接制造单元，将法兰盘焊接工序前置于零件状态下进行焊接，对传统工艺流程进行了优化，改造后的流程如图 5-23 所示。

改造后的工艺流程把法兰盘焊接集中纳入单元管理，通过设置法兰盘自动焊接系统，无须箱底所有焊接零件到位，提前在瓜瓣零件状态下完成法兰盘焊接工序，改变了传统成底之后法兰盘焊接的串行等待分工流程模式，核心工序的生产效率得到大幅提高。

（2）统一产品结构

经过认真分析研究后发现，不同箱底法兰盘焊接直径、焊接数量不一致，焊接时需要频繁更换工装，统一产品焊接结构，缩短装配环节周期，是提升法兰焊接生产效率的关键突破点。

通过设计—工艺协同，将法兰产品焊接直径统一成 $\phi200\ mm$、$\phi250\ mm$、$\phi300\ mm$、$\phi350\ mm$，分布半径统一成 $R950\ mm$、$R1\,050\ mm$、$R1\,200\ mm$，工装实现通用化设计制造。法兰盘焊接时，大大简化了产品装配工序，既保证了产品装配质量，又提升了作业效率。

（3）改变组织方式

采用单元制造模式后，生产组织模式也发生变化，技能人员配置压力也得

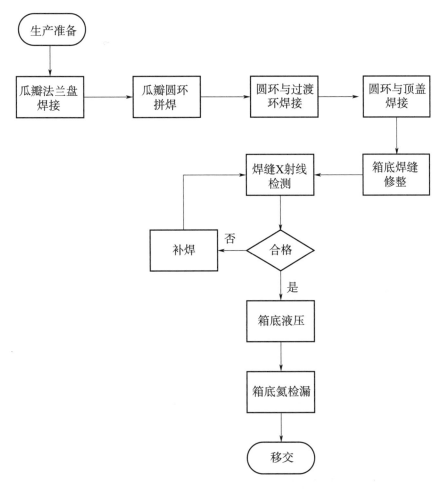

图 5－23　改造后的工艺流程图

到很大的释放，传统模式由于采用手工焊接工艺，对工人水平依赖性较高，法兰盘焊接从传统手工焊接为主升级为自动焊接工艺，焊接质量提升的同时对工人的操作水平依赖性大幅降低，一个工序可以安排多人上岗轮流作业，提升法兰盘焊接工序的作业效率，和箱底纵缝焊接、环缝焊接保持一个良好的单元制造流水节拍。

同时法兰盘焊接、瓜瓣圆环纵缝焊接、圆环与过渡环/顶盖环缝焊接工序自动焊工可以根据生产节拍进行人员互动调整，大大提高了生产调度的灵活性。

（4）调整工艺布局

工艺流程和组织方式变化后，箱底焊接的工艺布局也按单元制造模式进行了改造。改造后的工艺布局如图 5-24 所示。

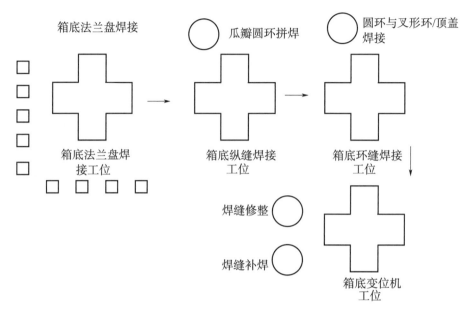

图 5-24　改造后的工艺布局图

工艺布局的主要变化是新增法兰盘焊接小单元，同时配套了法兰通用工装，法兰盘焊接单元制造不再受限于箱底其他焊接零件（如过渡环、顶盖）等的齐套制约，可提前组批开始工序生产，大幅提高了法兰盘焊接效率，改变了法兰盘焊接工序是箱底焊接生产瓶颈的现状。

（5）确定流水批量

单元制造的中心思想是"一个流"，箱底焊接单元同样要形成流水生产才能最大限度地提高效率。箱底焊接单元没有直观的流水过程，它的流水过程是通过控制单元生产节拍和生产批量实现的。

箱底焊接单元的流水一般是根据不同贮箱箱底法兰盘零件数量、焊接工序耗时确定的。通常根据箱底法兰盘、瓜瓣的齐套时间，组批开展箱底法兰盘焊接的批生产作业，可在一个批产周期内完成一发箭箱底法兰盘的焊接生产，箱底焊接单元生产节奏不再受限于法兰盘焊接工位。

5.7.3　应用成效

在箱底焊接单元，原建设目标为年产 2 发某型运载火箭，建成后实际具备

5 发生产能力，生产效率是原来的 2.5 倍，有力支撑了某重点型号由研制转向批生产的要求。建立箱底焊接制造单元前后情况对比见表 5 - 10。

表 5 - 10　建立箱底焊接制造单元前后情况对比

内容	原生产模式	单元生产模式
生产人员	人员变换，工装不固定，技术水平不同导致产品质量不稳定	人员固定，工装固定，技术水平稳定使得产品质量稳定
工作场地	各工序在同一个场地交叉作业	各单元在固定的场地进行生产
生产组织	工段不同工位人员多，调度协调困难，生产链条长	在单元内调度指令简单易行，反应迅速
检验控制	各工序检验员只负责本工序的检验，发现的问题传递不及时	检验员负责本单元的所有生产检验，可以掌握产品生产过程中的所有关键参数，检验人员数减少
工装管理	法兰盘焊接工装不统一，现场管理效率低	通用化工装，数量大幅减少
奖励制度	奖金按工时发放，每个人只关心自己负责的工序在定额时间内完成，不关心其他工序	奖金面向单元按合格品计件发放，员工以积极主动的方式关心单元内所有情况

5.8　小结

本章列举了盘环零件制造、传动组件制造、伺服舱铸造、太阳翼基板制造、铆接舱体、氢氧发动机装配、贮箱箱底制造等典型航天产品制造单元的实践案例，从背景与需求、单元构建实施、应用成效三个维度，以案例的形式详细阐述总结了典型航天产品制造单元探索实践的有益经验，为航天制造单元的推广应用和持续发展奠定了坚实基础，为其他行业发展单元制造模式提供了有益参考。

第6章 航天制造发展与展望

航天制造作为航天工业体系的坚强基石和核心能力，是航天事业实力和水平的重要体现，也是航天事业可持续发展的基础。近年来，大数据、云计算、物联网、人工智能等新一代信息技术加速创新，以数字技术与制造技术深度融合为特征的产业变革加速演进，正成为驱动全球制造业转型升级的关键力量。当前，航天强国建设加速推进，迫切需要航天企业抢抓新一轮科技革命和产业变革机遇，以数字技术驱动航天制造模式转型升级，推动航天制造高端化、智能化、绿色化发展，赋能航天企业制造能力和水平大幅提升。

6.1 形势与挑战

经过 60 多年的发展，中国航天从无到有、从弱到强，实现了历史性的重大跨越，取得了一项又一项举世瞩目的成就。当前，百年未有之大变局加速演进，国际环境日趋复杂，不稳定性不确定性明显增加，人类又站在了一个决定自身未来命运的十字路口。太空作为拓展人类生存空间的重要领域，已成为全球各主要国家竞相抢占的战略高地。航天制造业作为人类进入太空、利用太空和探索太空的重要基础，正面临着前所未有的机遇与挑战。谁拥有先进的制造能力，谁才具备在未来太空竞争中获得竞争优势的资格。

（1）国外航天强国纷纷发布重大战略计划，太空成为大国博弈的主战场

近年来，美、俄、欧等均提出了航天发展的国家安全顶层战略和重大规划计划，不断强调航天在国家发展中的战略地位。2020 年 6 月，美国国防部推出了新版《国防航天战略》，强调要保持制天权，为美军和盟军提供空间能力，并确保太空稳定。2020 年 9 月，美国国家航空航天局（NASA）正式公布"阿尔忒弥斯"重返月球计划，计划执行载人登月任务，逐步建设地月空间站和月

面基地，实现人类在月球的长期驻留。此外，美国发布的《美国国防战略》《2022 年导弹防御评估》《国土安全部航天政策》《国防部航天政策》《航天服务、组装与制造国家战略》等文件，将太空视为"美国国家军事力量的优先领域"，并通过提升航天系统网络安全、增强航天系统韧性等手段，维持美国在航天领域的战略竞争优势。俄罗斯将航天产品发展列入 2018 年 2 月签署的新版《国家武器装备计划》，明确了航天产品及相关技术发展目标和发展重点，并通过改革调整，整合并优化航天科研生产能力，提升国际竞争力。2022 年，英国发布新版《国防太空战略》和《英国太空力量文件》，拟通过提升航天防御能力，建立航天系统韧性，发挥航天科技优势，加强美英航天联盟等举措，激发航天产业活力，推进航天军事能力发展。2022 年 7 月，欧空局发布《新世界（Terrae Novae）2030＋战略路线图》，旨在为欧洲建立可行、有韧性的航天活动框架，并将近地轨道、月球和火星视为航天探索重点。

（2）国外航天强国加速推进数字变革，以巩固和扩大其太空霸权

美国国防部发布《数字工程战略》等一系列数字化战略规划，力图利用数字技术重塑其包括航天产业在内的国防工业体系。洛马公司于 2023 年 8 月启用新建的小卫星智能工厂，该工厂旨在提升低成本小卫星量产能力，满足政府和商业客户对卫星轨道分布多样化、数量规模化、质量小型化和制造成本低廉化的需求，设有六条平行组装线，每年能够生产 180 颗小卫星。以太空探索公司（SpaceX）为代表的美国航天企业在数字技术加持下爆发出惊人的生产力，2023 年"猎鹰"系列运载火箭共实施 96 次发射，占全球的 43％，占美国的 83％；美国运载火箭共实施 116 次发射，发射载荷 1 214 t，发射次数、发射总质量超过其他国家总和，牢牢占据全球首位，中国航天正面临与美国差距进一步扩大的严峻形势。

（3）各国积极布局低轨星座、航班化航天运输等产业，规模化低成本航天产品制造能力需求迫切

近年来，各国加大了对低轨星座、航班化航天运输等航天产业支持。以星座建设为例，SpaceX 公司提出的星链计划将建成由 4.2 万颗卫星组成的低轨互联网巨型星座，仅 2022 年 1 月至 11 月中旬，就通过 33 次发射将 1 614 颗

"星链"卫星部署入轨，2023 年已发射超过 5 000 颗"星链"卫星。亚马逊公司与 3 家火箭公司签署 83 次发射协议，用于部署由 3 236 颗卫星组网的"柯伊伯"星座。欧盟宣布要投入近 60 亿欧元发展卫星互联网，俄罗斯表示要发力建设总数约 600 颗卫星的"球体"星座。当前，全球在建或已规划的星座有近 300 个。有数据显示，到 2040 年，全球太空经济市场规模将超过 1 万亿美元，其中卫星互联网将占太空经济预期增长的 50%～70%。在航班化航天运输方面，美国航空航天学会团队研究提出，到 2045 年进入空间规模将达到 17 万吨/年，迫切需要研制高可靠、低成本、可重复、智能化的进出空间运载工具。全球太空经济的大幕已徐徐拉开，对规模化低成本航天产品服务能力提出迫切需求。

（4）我国航天强国建设加速推进，航天制造业转型升级需求紧迫

我国高度重视航天事业发展，作出了建设航天强国的重大战略部署。党的二十大报告提出"加快建设航天强国"。航天强国的基础是拥有与强国地位相匹配的航天战略资源和独立自主的航天工业体系，航天强国的支柱是航天制造业。当前，我国已经全面建成航天大国，开启全面建设航天强国的新征程。载人航天、月球探测、火星探测等重大航天工程相继实施，正在谋划推动以载人登月为代表的新的航天重大工程，任务增长呈现高强密度、高难度、高复杂、高标准、短周期特征，对航天产品的高质量供给能力、高可靠保障能力、创新发展能力等都提出了极高要求，航天制造业转型升级极为迫切。

6.2　发展趋势

当前，信息技术、新能源、新材料等重要领域和前沿方向的革命性突破和交叉融合，正在引发新一轮产业变革，形成新质生产力的重要驱动力。新技术与制造业深度融合创新，推动制造业生产方式、发展模式和企业形态发生根本性变革。在数字化、网络化、智能化技术的支撑下，制造业广泛采用并行研制、全球协同、虚拟仿真制造等先进模式和手段方法。在此形势下，航天制造呈现新的发展趋势，赋能航天高质量发展。

（1）增材制造技术得到广泛应用，大幅缩短产品研制周期

增材制造技术在国外航天企业得到广泛应用，正在极大地改变航天制造业的发展格局。NASA 在航天发动机缓冲器加工中采用增材制造技术整体制造发动机导管，使加工时间从 9 个月缩短到 9 天，大大缩短零件制造时间，降低加工成本。空客公司在卫星钛合金支架制造中使用 3D 打印机，其结构耐极端温度变化性能得到提升，质量减轻，制造成本节约近 20%，制造用时从一个月缩减到 5 天以内。欧空局研发新一代低成本可重复使用火箭发动机"普罗米修斯"，其原型开发和最终生产过程采用 3D 打印技术，研发周期大大缩短，制造成本大大降低。洛马公司建成世界上首台"多机器人增减材混合设备"，由两个机器人串行工作，具备增材制造、减材加工和工艺过程监测、尺寸检查等多种功能，已经过卫星零部件制造的验证。美国 SpaceX 公司在"龙飞船二号"（Dragon V2）宇宙飞船发动机制造中采用 3D 打印技术，显著缩短了交货周期，降低了制造成本，获得了优良的强度、延展性、抗断裂性及材料性质的一致性。

（2）智能技术应用于工艺设计与仿真，大幅提升工艺效率和质量

国外先进航天制造企业将知识工程、几何推理、机器学习等智能技术应用于工艺设计与仿真，大幅提升了工艺设计与仿真验证的效率和质量。空客公司为优化机翼的设计，开发了知识源平台。该平台将专家知识与人工智能技术相结合，创建、捕获和重用工程知识。洛马通过对复合材料蒙皮装配进行虚拟仿真，验证工装夹具是否合适，优化蒙皮安装顺序，实现复合材料蒙皮结构与金属部件的并行装配，改善了蒙皮安装质量与效率。

（3）机器人得到广泛应用，大幅缩短产品制造周期，降低制造成本

国外先进制造企业将机器人广泛应用于机加、装配、焊接、喷涂、复合材料等多种制造场景，大幅提升了产品制造效率和质量，缩短了制造周期，降低了制造成本。火箭实验室公司应用定制"罗西"自动化制造设备，将"电子"号小型火箭碳纤维组件的制造时间由 400 h 缩短至 12 h 以内，并能自动完成各种机加工作，为小卫星提供了低成本快速发射途径。空客公司采用双臂仿人机器人，实现了人机协同装配，通过及早识别、诊断传统飞机装配线中存在的错

误、问题或缺陷，显著缩短飞机装配时间。美国爱迪生焊接研究所开发出远程操控焊接系统，允许工人在远程位置操控焊接设备，可为无法在制造业中高效工作的工人提供支持。NASA 开发出全美最大的机械臂，可实现制造直径超过 8 m 的复合材料火箭部件的精确铺丝，大幅降低成本，提高性能。

（4）智能工厂建设取得显著成效，大幅提升生产能力和效率

洛马、空客、雷神等军工巨头通过升级改造现有工厂设施或新建工厂等方式，布局智能工厂，创新航天研制生产模式。雷神公司引入精益生产、柔性制造等先进技术与理念，打造基于物联网的导弹与微小卫星制造智能工厂。西门子公司推出了工业互联及分析平台 MindSphere，提供大数据分析挖掘、工业 App 开发以及智能应用增值等服务，其安倍格工厂基于 MindSphere 实现物流、产线、环境和人员等各个环节的全面联网，生产线自动化达到 75%，大幅降低人工、仓储、物流成本。洛马公司"门廊中心"智能工厂采用快速可重构数字化生产线，形成敏捷、高效的大中小多尺度卫星柔性制造能力，具备同时生产 5 颗 A2100 卫星平台或多颗中小卫星的能力，可实现测试过程完全自动化。洛马公司"航天器实验、装配和资源"（STAR）中心，部署了多项数字化、智能化制造技术，旨在扩大 NASA 猎户座飞船的生产规模，提升航天器制造、组装和测试能力。

（5）构建数字化协同制造环境，实现跨产业集群的网络化协同

航天产品研制生产面临技术自主创新、需求动态多变、学科高度综合、研制复杂协作等高复杂性技术挑战，需建设面向全产业链协同的基于系统工程的高效、高质、柔性化的航天装备设计制造协同研发环境，实现纵向和横向的数据传递、共享，快速完成装备的设计、制造和优化过程，实现设计即制造，全面支撑装备跨专业、跨地域、跨组织、跨产业集群的设计制造协同研发。数字化技术赋能企业间的协同合作，国内外军工企业基于研发生产协同平台，完成全业务流程的集成化、协同化，整体提升产品研制效率，实现产业链、供应链跨产业集群的网络化协同。波音公司在 787 飞机研制过程中，依托供应链协同管理平台，实时感知和管控总装需求及进度、客户需求及交付计划、流水线进度和生产准备情况等全球供应链的动态信息，实现了全球异地高效协同研制。

空客公司在 A350 飞机的研发中全面采用基于模型的系统工程（MBSE），不仅实现了顶层系统需求分解与确认，也实现了向供应商、分包商的需求分配和管理。

6.3　未来展望

当前及今后一段时期，以载人登月为代表的一系列航天重大工程等将持续推进，航天事业迎来了难得的发展机遇期。与此同时，日益增长的生产任务也给航天制造能力带来重大挑战，迫切需要开展新的探索与实践，以制造模式转型升级为抓手，以提质增效为目标，开展以制造单元为核心组成的航天智能化工厂建设，创新总装拉动式的航天智能制造模式，探索数字技术支撑的航天制造产业集群构建，推动航天制造向高端化、智能化、绿色化发展。

（1）建设以制造单元为核心的航天智能工厂，提升航天制造的效率

通过管理流程优化和创新，持续推进以制造单元为核心组成的精益生产模式。以产品研制生产流程为主线，系统开展智能生产线建设；推进基于模型的设计制造一体化，建立产品数字化工艺设计与仿真系统，提升虚拟制造能力；开展关键生产装备的智能化改造，实现关键工艺自动化，全面推进生产现场物联网建设，实现生产现场全面感知和互连互通；建立智能生产管控系统，提升精细化质量管理、生产效能监控和优化决策能力，大幅提高生产效率和快速响应制造能力，实现产品制造全流程的智能化全线贯通，逐步实现智能化的"点、线、面"覆盖，建成航天智能工厂。

（2）构建总装拉动式的智能制造模式，提升航天制造的柔性和生产能力

建立由型号任务驱动的推式计划和总装拉动计划相结合的计划管理模式，逐步实现零库存、准时生产的精益生产目标。在生产组织时，生产指令实际下达依据产品总装的计划来确定，即由产品总装拉动部件装配的生产，由部组件装配拉动零件生产，由零件拉动原材料的采购和供应。在多个智能工厂建设基础上，围绕产品研制流程，构建航天型号数字化协同制造系统，依托科研生产网络以及各单位企业资源计划管理系统、制造执行系统等信息化基础条件，运

用物联网、大数据、人工智能等新一代信息技术，由总装物料需求计划作为拉动供应商的输入，推进配套的准时化、精益化，形成总装拉动式网络化协同制造模式，提升型号产能及质量稳定性，提升批生产能力。

（3）构建开放协同的航天制造产业链，推动制造模式转型升级

航天装备制造的供应链体系庞大而复杂，配套链条长、覆盖领域广、技术复杂度高，在均衡生产、交付周期、交付质量和成本控制等方面存在诸多挑战。展望未来，航天制造将逐渐从自我配套、自成体系向构建自主保障核心、社会化大协作配套的产业模式转变。迫切需要运用新一代信息技术，构建覆盖航天产业全业务环节、流程全要素、数据应用全场景的供应链网络，将研发设计、测试试验、生产制造、原材料供应、物流运输、发射服务等多法人单位连接在一起，实现供应链高效协同、信息共享和资源优化配置，构建以数字化、网络化、智能化为特征的开放、协同的航天制造产业链，推动航天制造转型升级。

6.4　小结

本章分析了航天制造面临的形势与挑战，分析了航天制造的发展趋势，展望了航天制造的未来。指出航天制造企业当前面临着难得的发展机遇和严峻挑战，应抓住新一轮科技革命和产业变革机遇，以提质增效为目标，以横向价值链集成为主线，探索实践航天总装拉动式的智能制造模式，构建以数字化、网络化、智能化为特征的开放、协同的航天制造产业链，推动航天制造转型升级。

参 考 文 献

［1］ 周济. 以智能制造为主攻方向 坚定不移建设制造强国 ［J］. 中国工业和信息化，2022（9）：34－40.

［2］ 孙红俊，张文杰，张利艳. 美欧先进军工企业航天制造智能化发展分析 ［J］. 卫星应用，2019（6）：6. DOI：CNKI：SUN：WXYG. 0. 2019－06－009.

［3］ 王磊，卢秉恒. 我国增材制造技术与产业发展研究 ［J］. 中国工程科学，2022，24（4）：202－211.

［4］ 孙璞，王锋，李琳斐. 国外智能制造发展态势分析与启示 ［J］. 军民两用技术与产品，2023，（6）：32－35. DOI：10. 19385/j. cnki. 1009－8119. 2023. 06. 001.

［5］ 张永亮，姜杰凤，毕运波. 飞机确定性装配技术及应用 ［J］. 航空制造技术，2022，65（18）：38－45.

［6］ 徐卫卫，任璐英，臧雪静. 国际空间资源开发与利用现状及趋势研究 ［J］. 中国航天，2023（6）：39－43.

［7］ 付郁，李嘉伟. 2023 年国外重大航天活动展望 ［J］. 国际太空，2023（1）：16－21.